くもんの小学ドリル

がんばり1年生 学しゅうきろくひょう

名まえ

1	2	3	4	5	6	7	8
9	10	11	12	13	14	15	16
17	18	19	20	21	22	23	24
25	26	27	28	29	30	31	32
33	34	35	36	37	38	39	40
41	42	43	44	45	46		

あなたは
「くもんの小学ドリル　学力チェックテスト　1年生　さんすう」を、
さいごまで　やりとげました。
すばらしいです！
これからも　がんばってください。

1さつ　ぜんぶ　おわったら、
ここに　大きな　シールを

1 き本テスト かんせい 目ひょうじかん 20ぷん

10までの　かず(1)

き本の もんだいの チェックだよ。
できなかった もんだいは，しっかり 学しゅう
してから かんせいテストを やろう！

ごうけい とくてん　／100てん

かんれん ドリル

〈おなじ　かず〉

1 おなじ　かずだけ　○に　いろを　ぬりましょう。

〔1もん　10てん〕

／60てん

①

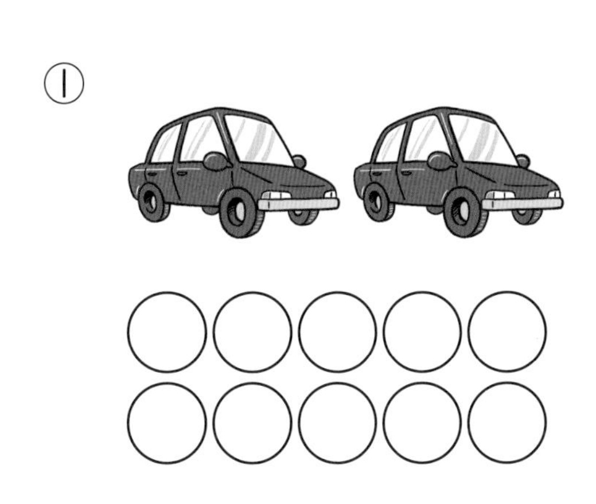

②

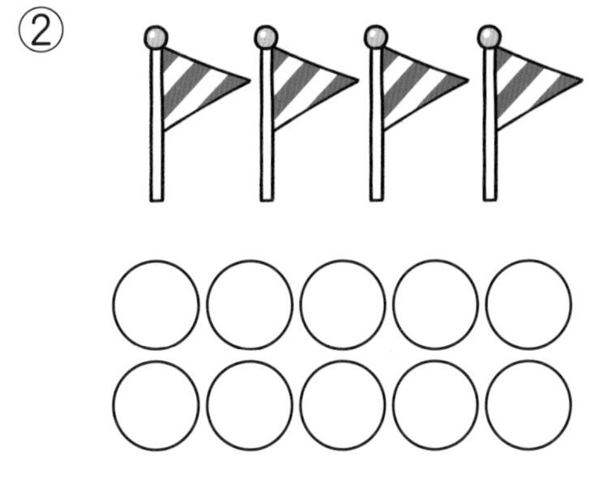

③

④

⑤

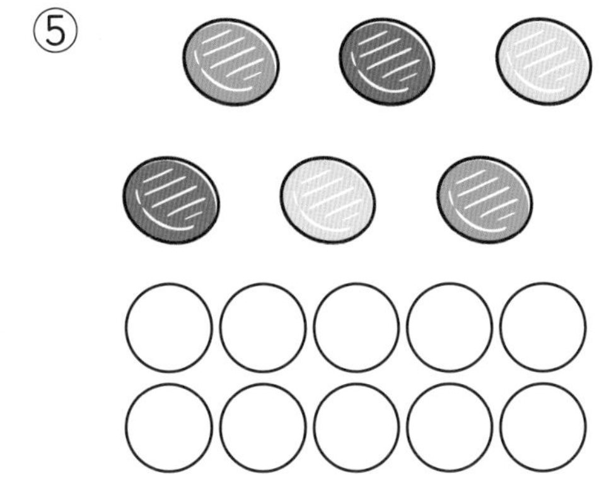

⑥

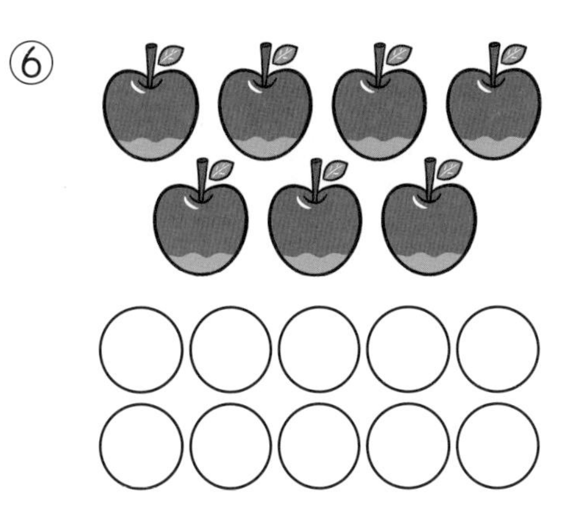

2 〈どちらが　おおい〉

ひとつずつ　せんで　むすび，おおい　ほうの　□に
◯を　かきましょう。　〔1もん　10てん〕

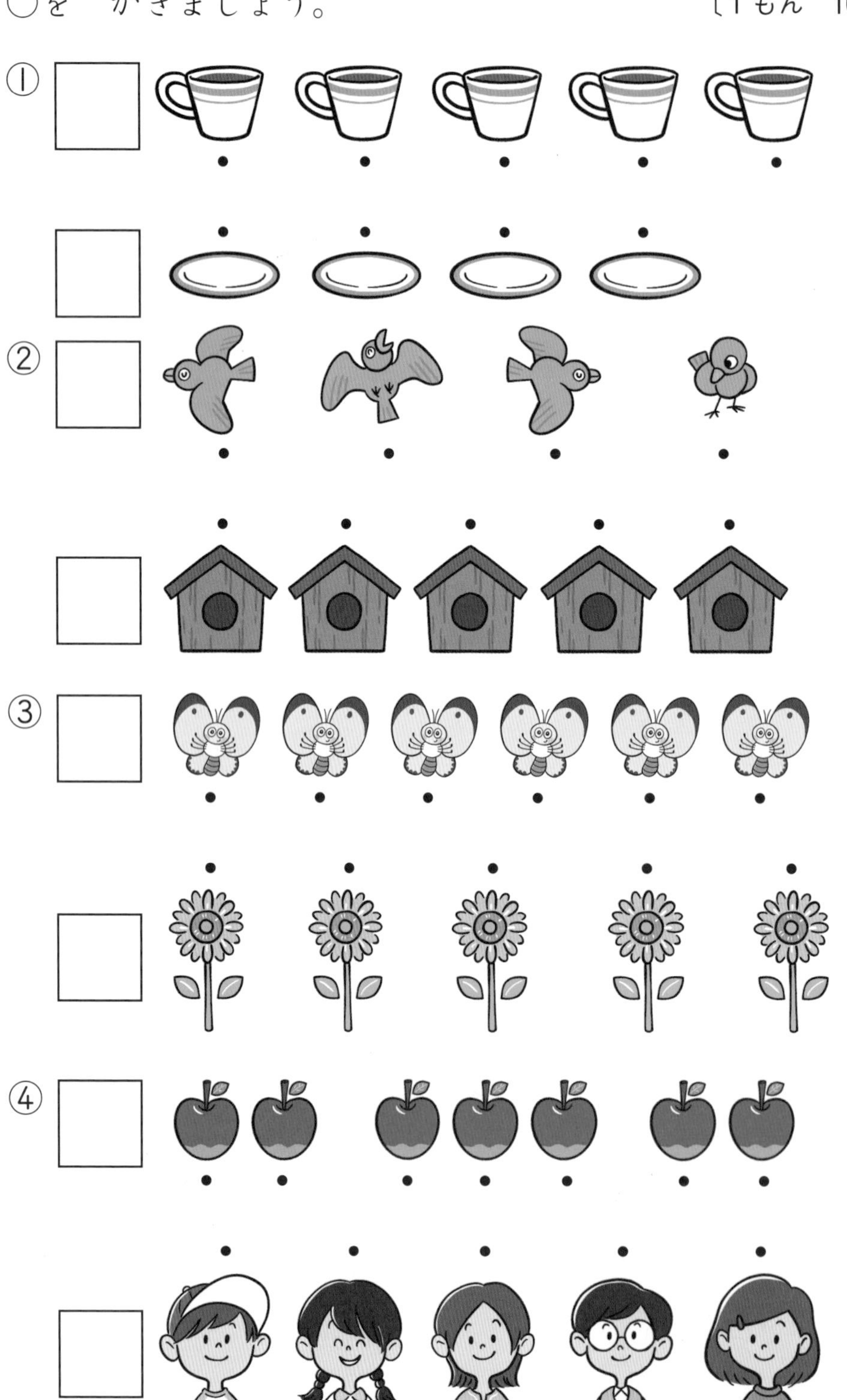

10までの　かず(1)

ふくしゅうの めやす
き本テスト・かんれんドリルなどで しっかり ふくしゅうしよう！
0てん　90てん ごうかく　100てん

ごうけい とくてん	/100てん	かんれん ドリル	

1　えの　なかの　かえるや　ことりなどと　おなじ　かずだけ　したの　○に　いろを　ぬりましょう。　〔1もん　15てん〕

① 

② 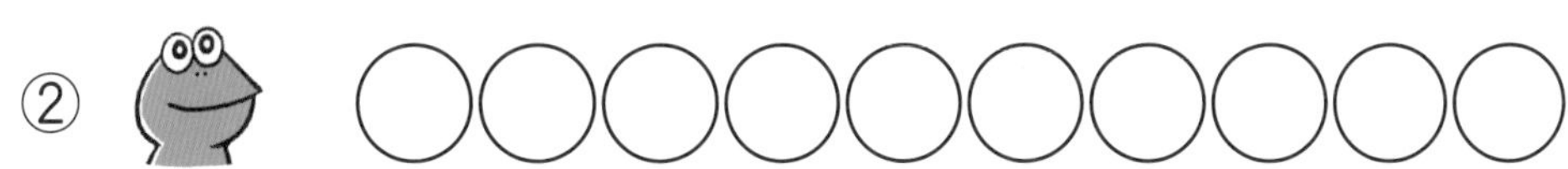

③ 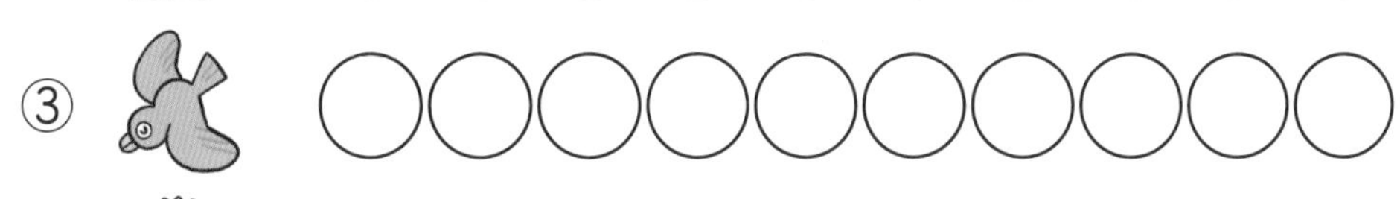

④ 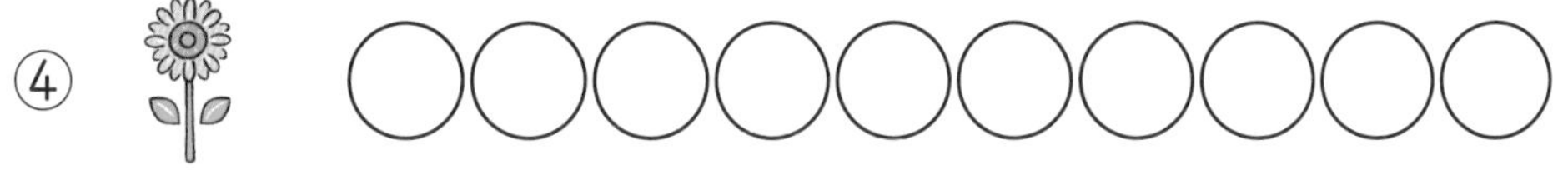

2 どちらが　おおいでしょうか。おおい　ほうに　○を　かきましょう。

〔1もん　10てん〕

①

②

③

④

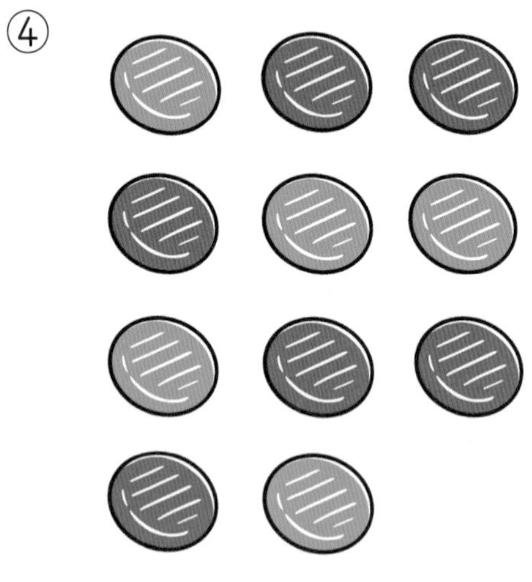

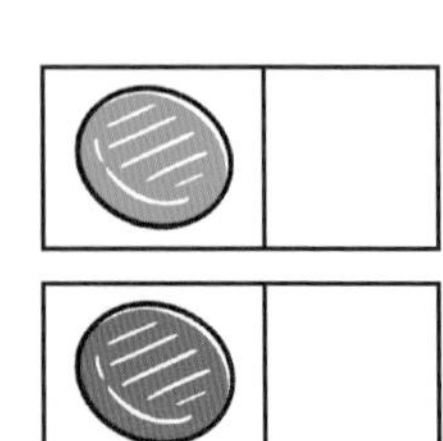

3 き本テスト かんせい 目ひょうじかん 15ふん

10までの　かず(2)

き本の もんだいの チェックだよ。
できなかった もんだいは，しっかり 学しゅう してから かんせいテストを やろう！

ごうけい とくてん　／100てん

かんれん ドリル　●すう・りょう・ずけい P.1～8

〈かぞえかた〉

1　すうじと　おなじ　かずだけ　ある　ものを　せんで　むすびましょう。　〔1もん　10てん〕

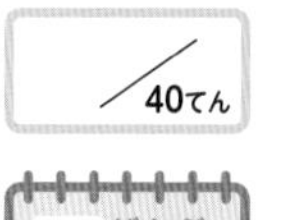

① 4 ・　　・ 

② 3 ・　　・ 

③ 6 ・　　・ 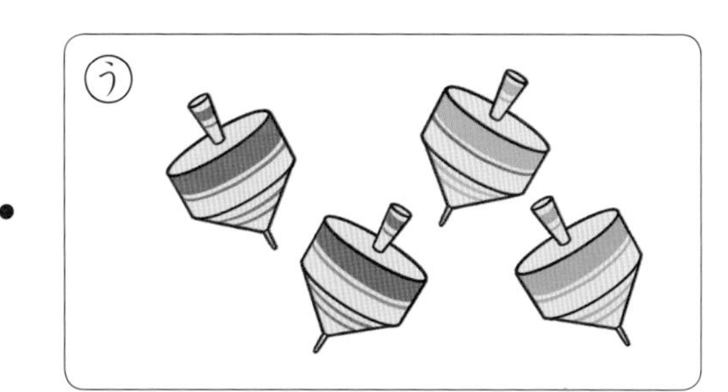

④ 5 ・　　・ 

〈かぞえかた〉

2 つぎの　かずだけ　○に　いろを　ぬりましょう。

〔1もん　10てん〕

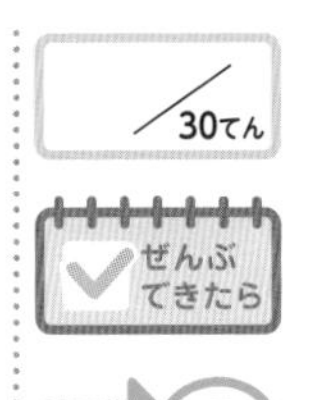

すう・りょう・ずけい 3ページ～

① 5 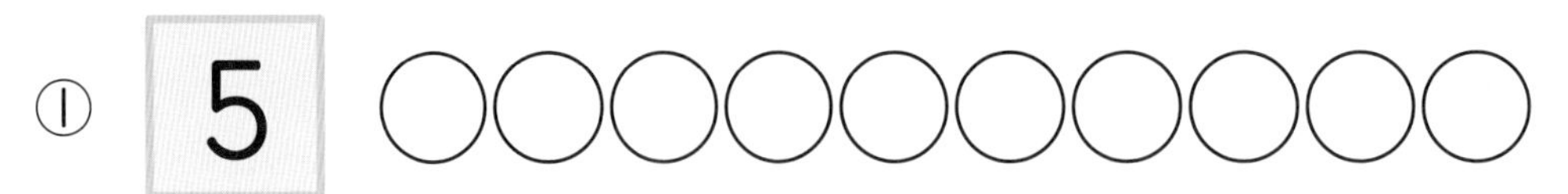

② 8 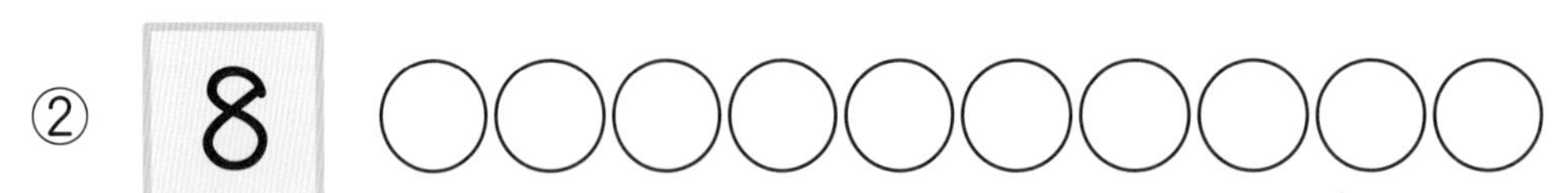

③ 7 ○○○○○○○○○○

〈どちらが　おおい〉

3 どちらが　おおいでしょうか。おおい　ほうの　□に　○を　かきましょう。

〔1もん　15てん〕

30てん

①

あ　　い

②

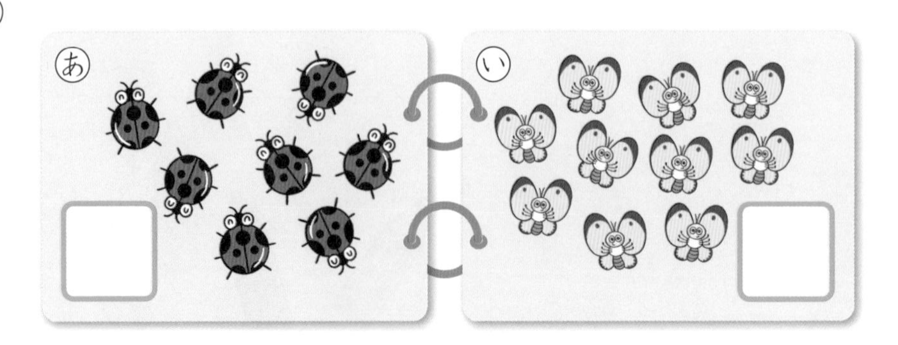

4 かんせいテスト 10までの　かず(2)

かんせい 目ひょうじかん 15ふん

ふくしゅうの めやす
き本テスト・かんれんドリルなどで しっかり ふくしゅうしよう！
ごうかく
0てん　90てん　100てん

ごうけい とくてん

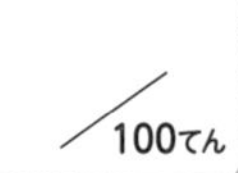
/100てん

かんれん ドリル　●すう・りょう・ずけい　P.1～8

1 いくつ　ありますか。□に　かずを　かきましょう。

〔1もん　5てん〕

① 〈ことり〉

□ わ

② 〈ぼうし〉

□ つ

③ 〈えんぴつ〉

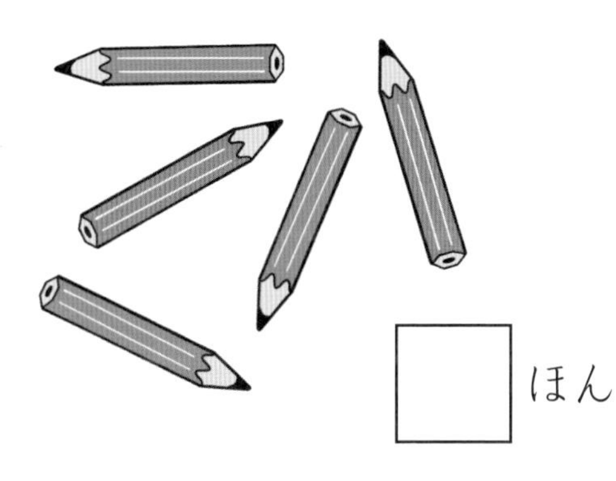

□ ほん

④ 〈りんご〉

□ こ

⑤ 〈はな〉

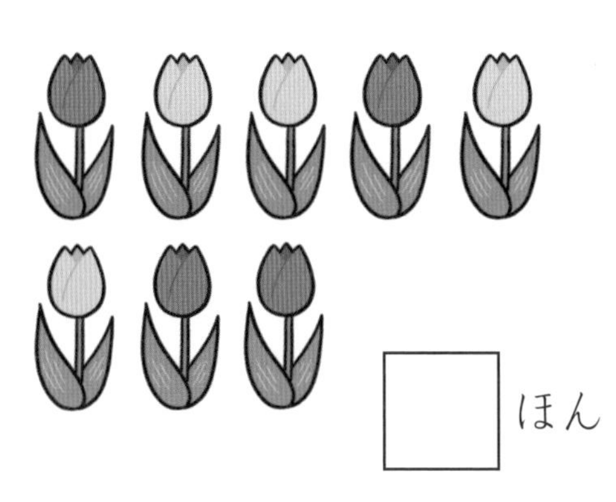

□ ほん

⑥ 〈こい〉

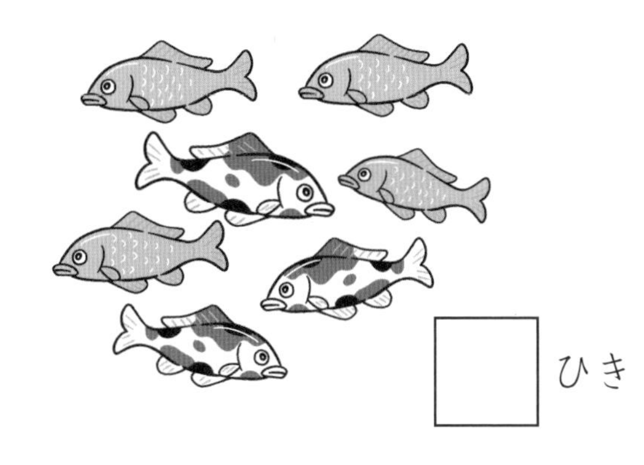

□ ひき

2　かえるや　●の　かずは　いくつですか。□に　かずを　かきましょう。
〔□1つ　5てん〕

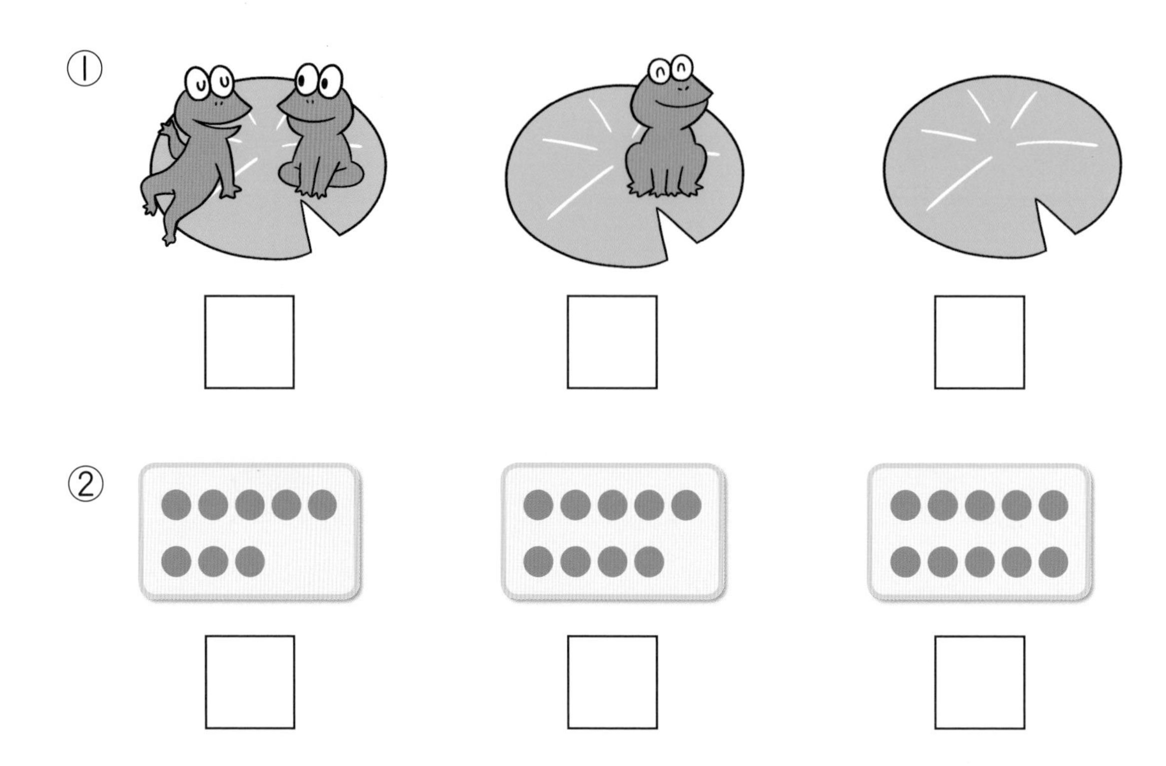

3　どちらの　かずが　おおきいでしょうか。おおきい　ほうの（　）に　○を　かきましょう。
〔1もん　10てん〕

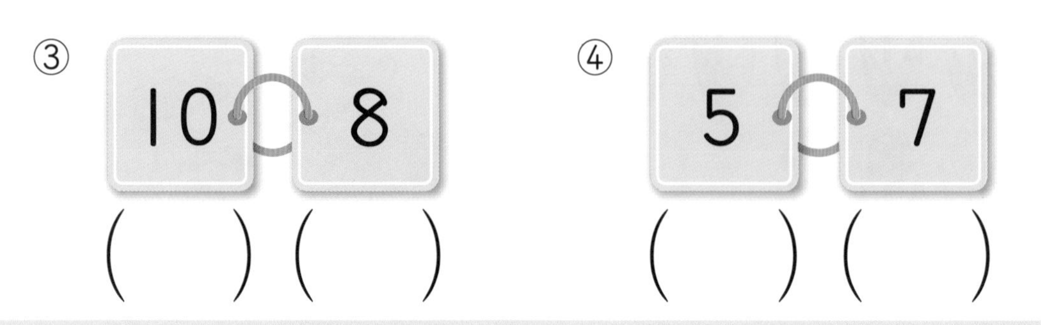

かずの　くみ

き本の もんだいの チェックだよ。
できなかった もんだいは，しっかり 学しゅう
してから かんせいテストを やろう！

ごうけい とくてん　／100てん

かんれん ドリル　●すう・りょう・ずけい　P.11〜22

〈5に　なる　かず〉

1　5は　●が　いくつと　○が　いくつですか。□に　あう
かずを　かきましょう。　〔1もん　5てん〕

／20てん

すう・りょう・ずけい 11ページ〜

(●)　(○)

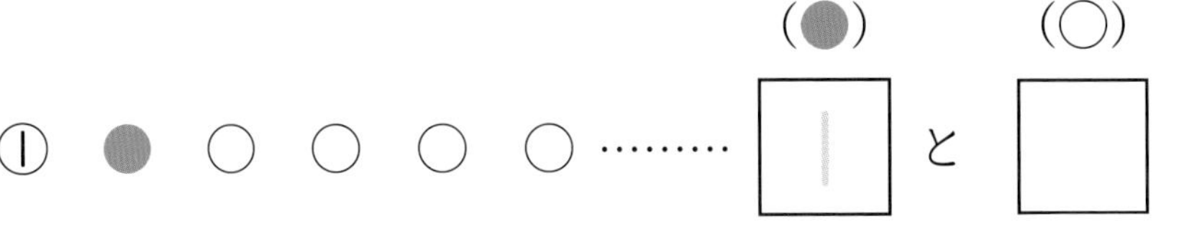

① ●○○○○ ……… □ と □

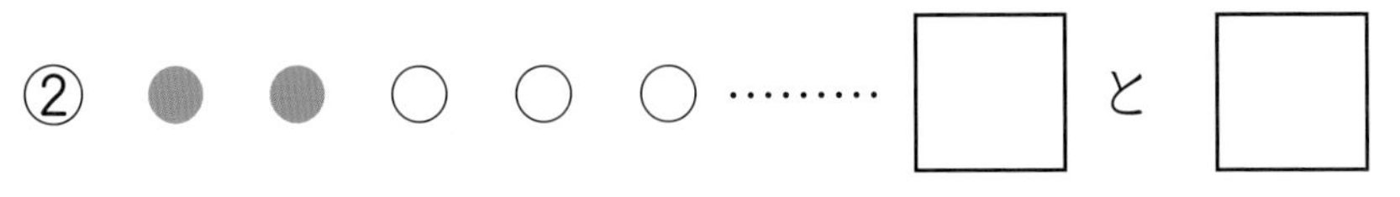

② ●●○○○ ……… □ と □

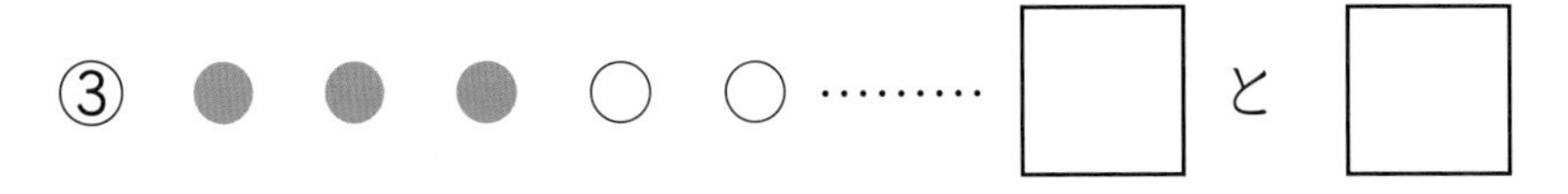

③ ●●●○○ ……… □ と □

④ ●●●●○ ……… □ と □

〈7に　なる　かず〉

2　うえと　したの　●の　かずが　7に　なるように，せん
で　むすびましょう。　〔1くみ　できて　5てん〕

／25てん

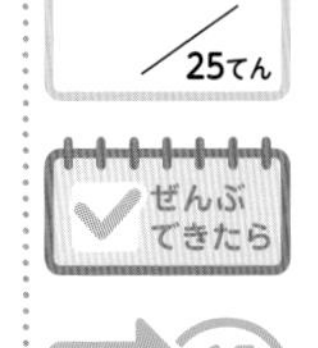

すう・りょう・ずけい 15ページ〜

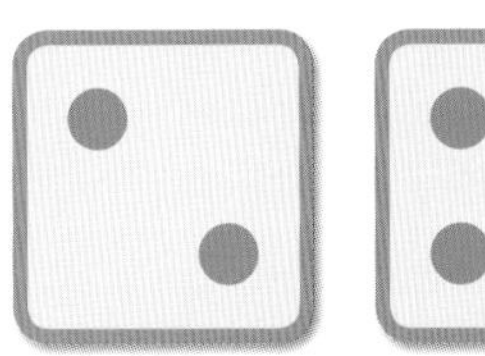

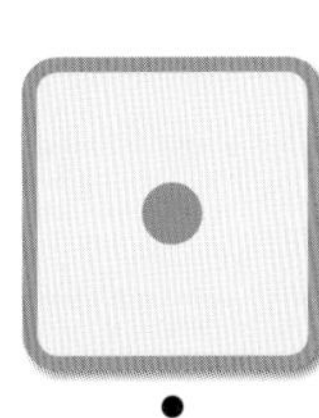

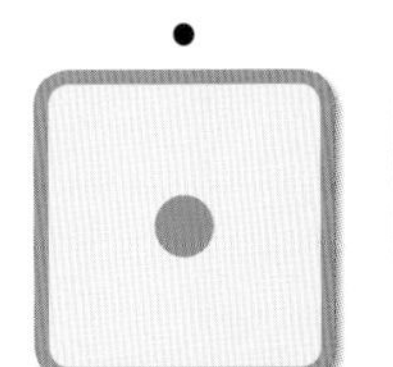

〈8に　なる　かず〉

3　うえの　●と　したの　○で　8に　なるように，したの　○に　いろを　ぬりましょう。　〔1もん　5てん〕

①
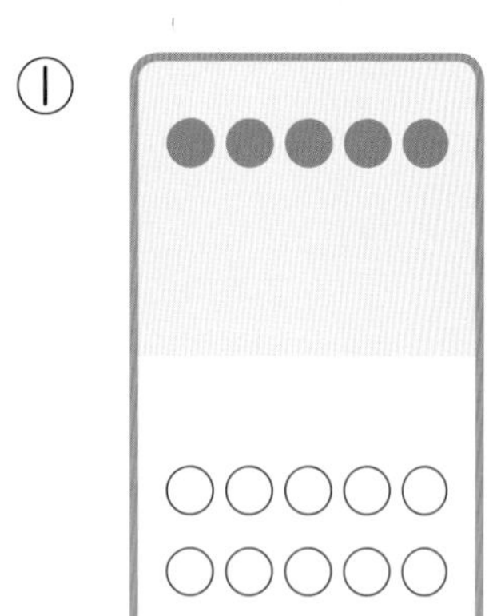

②
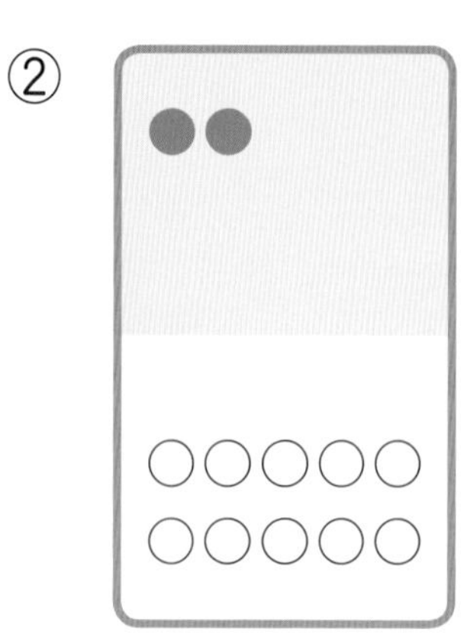

③
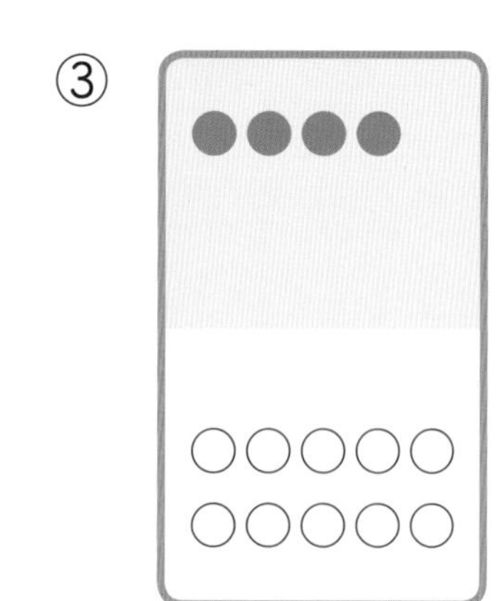

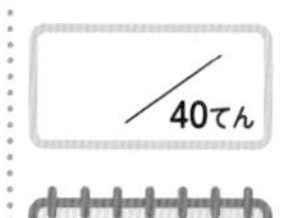

〈10に　なる　かず〉

4　ひだりと　みぎの　●の　かずが　10に　なるように，せんで　むすびましょう。　〔1くみ　できて　10てん〕

すう・りょう・ずけい 21ページ〜

①

あ

②

い

③

う

④

え

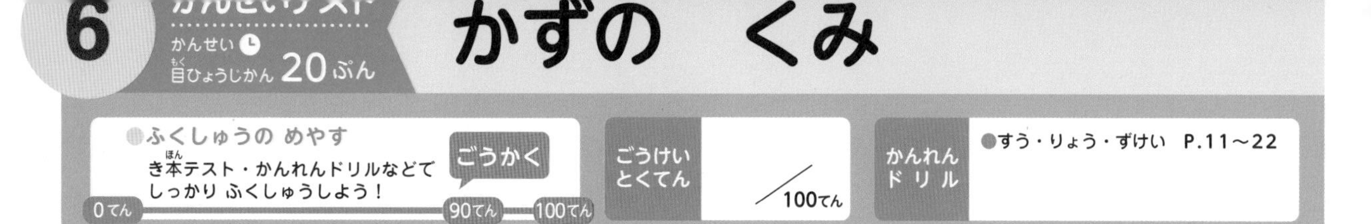

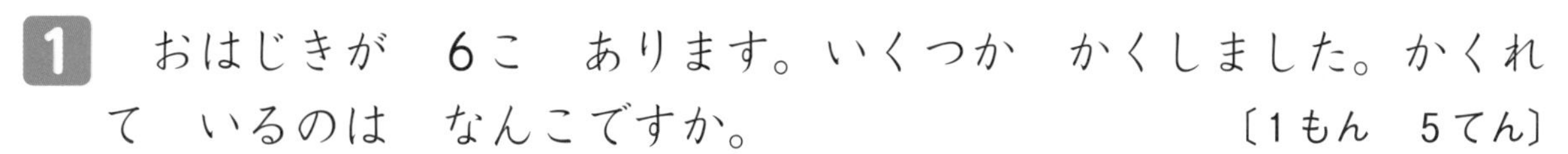

1　おはじきが　6こ　あります。いくつか　かくしました。かくれて　いるのは　なんこですか。　〔1もん　5てん〕

①　②

①　□こ　②　□こ

2　つみきが　10こ　あります。かくれて　いるのは　なんこですか。　〔1もん　5てん〕

①

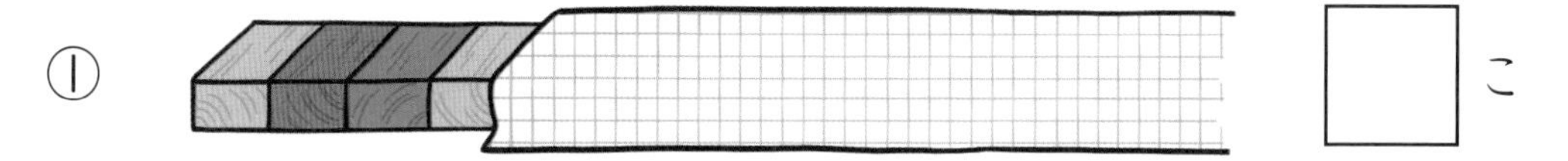

□こ

②

□こ

③

□こ

3　2まいで　9に　なるように，□に　かずを　かきましょう。　〔1もん　5てん〕

①

②

4 □に　あう　かずを　かきましょう。〔1もん　5てん〕

① 8は　5と　□

② 5は　3と　□

③ 10は　3と　□

④ 7は　2と　□

⑤ 3と　3で　□

⑥ 4と　6で　□

⑦ 4と　4で　□

⑧ 2と　5で　□

5 □に　あう　かずを　かきましょう。〔1もん　5てん〕

① 10は　□　と　2

② 10は　□　と　5

③ 8は　□　と　2

④ 5は　□　と　1

⑤ □　は　1と　8

かんせい 目ひょうじかん 15ふん

なんばんめ

き本の もんだいの チェックだよ。
できなかった もんだいは，しっかり 学しゅう
してから かんせいテストを やろう！

ごうけい とくてん ／100てん

かんれん ドリル
●すう・りょう・ずけい P.5～10
●文しょうだい P.59～68
●たしざん P.5～6

〈かずの じゅんじょ〉

1 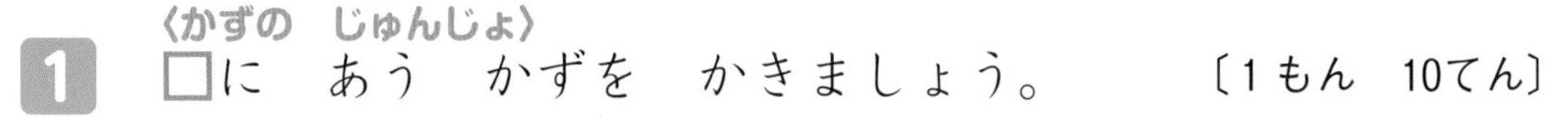
□に あう かずを かきましょう。 〔1もん 10てん〕

／40てん

① 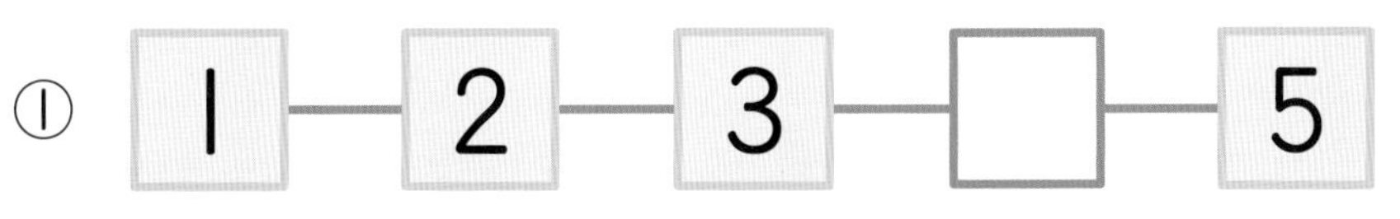

② 

③ 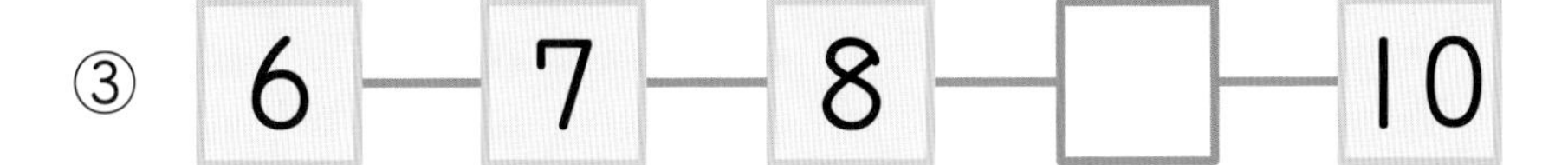

④ 

ぜんぶ できたら
すう・りょう・ずけい 5ページ～
たしざん 5ページ～

〈かぞえかた〉

2 まえから 4ひきの いぬに いろを ぬりましょう。

〔10てん〕

／10てん

（まえ）

〈なんばんめ〉

3 まえから 4ばんめの いぬに いろを ぬりましょう。

〔10てん〕

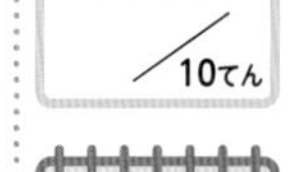

（まえ）

〈なんばんめ〉

4 こどもが　ならんで　います。□に　あう　かずを　かき ましょう。 〔1もん　10てん〕

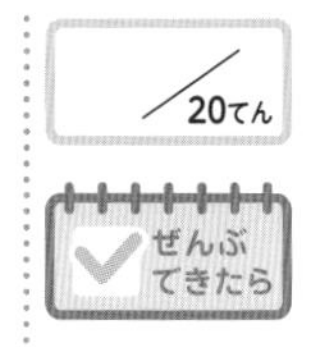

① あきらさんは　まえから □ ばんめです。

② あきらさんは　うしろから □ ばんめです。

〈なんばんめ〉

5 どうぶつが　ならんで　います。□に　あう　かずを かきましょう。 〔1もん　10てん〕

① さるは　ひだりから □ ばんめです。

② うしは　みぎから □ ばんめです。

なんばんめ

ふくしゅうの めやす
き本テスト・かんれんドリルなどで しっかり ふくしゅうしよう！
0てん　90てん　ごうかく　100てん

ごうけい とくてん　／100てん

かんれん ドリル
●すう・りょう・ずけい P.5〜10
●文しょうだい P.59〜68

1 つぎの ことばに あうように いろを ぬりましょう。

〔1もん 5てん〕

① まえから 4だい

（まえ）　（うしろ）

② まえから 4だいめ

（まえ）　（うしろ）

2 こどもが ならんで います。□には あう かずを，（ ）には なまえや ことばを かきましょう。

〔1もん 5てん〕

（まえ）　（うしろ）

ただし　そうた　ひまり　つとむ　みつき　ゆうな　あやと　まさし

① みつきさんは まえから □ ばんめです。

② つとむさんは うしろから □ ばんめです。

③ まえから 6ばんめは （　　　）さんです。

④ うしろから 4ばんめは （　　　）さんです。

⑤ ひまりさんは （　　　）から 6ばんめです。

⑥ あやとさんは （　　　）から 7ばんめです。

3 したの　えを　みて，（　）には　どうぶつや　ことばを，□には　あう　かずを　かきましょう。〔1もん　10てん〕

① うえから　5ばんめは（　　　　）です。

② したから　3ばんめは（　　　　）です。

③ いぬは　うえから□ばんめです。

④ ねこは　したから□ばんめです。

⑤ いぬは（　　　　）から　4ばんめです。

⑥ うさぎは（　　　　）から　5ばんめです。

9 20までの　かず

かんせい
目ひょうじかん 20ぷん

き本の もんだいの チェックだよ。
できなかった もんだいは，しっかり 学しゅう
してから かんせいテストを やろう！

ごうけい とくてん　／100てん

かんれん ドリル
●すう・りょう・ずけい P.23～38，89・90
●たしざん P.7～10

〈かぞえかた〉

1 それぞれ　いくつ　ありますか。□に　かずを　かきましょう。〔1もん　10てん〕

／30てん　ぜんぶ できたら

すう・りょう・ずけい 23ページ～

① 〈おはじき〉

□ こ

② 〈ふうせん〉

□

③ 〈さくらんぼ〉

□ こ

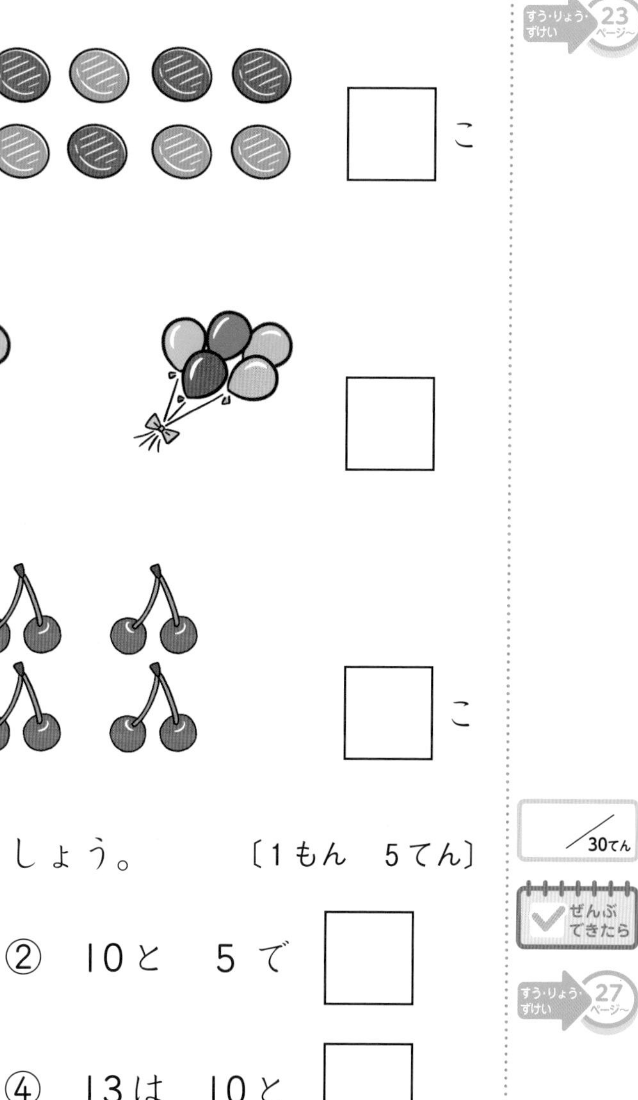

〈いくつと　いくつ〉

2 □に　あう　かずを　かきましょう。〔1もん　5てん〕

／30てん　ぜんぶ できたら

すう・りょう・ずけい 27ページ～

① 10と　2で □

② 10と　5で □

③ 10と　4で □

④ 13は　10と □

⑤ 11は　10と □

⑥ 16は　10と □

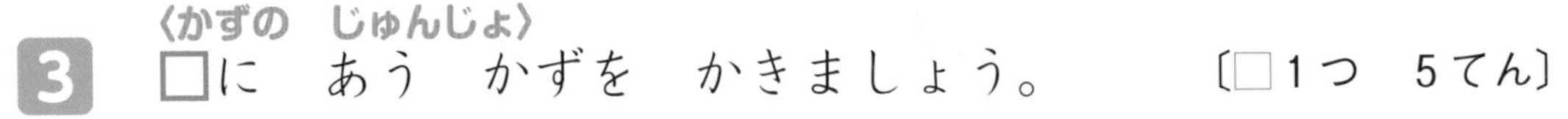

3 〈かずの　じゅんじょ〉
□に　あう　かずを　かきましょう。　〔□1つ　5てん〕

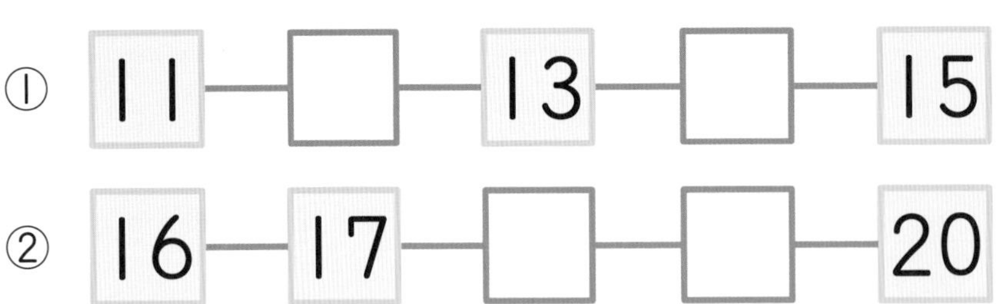

① 11 — □ — 13 — □ — 15

② 16 — 17 — □ — □ — 20

4 〈おおきさくらべ〉
かずの　おおきい　ほうに　◯を　かきましょう。
〔1もん　5てん〕

① 10　11
(　　)(　　)

② 18　16
(　　)(　　)

5 〈かずしらべ〉
くだものを　みぎの　えに　せいりします。
したから　じゅんに，くだものの　かずだけ　いろを　ぬりましょう。　〔ぜんぶ　できて　10てん〕

10 かんせいテスト①

かんせい
目ひょうじかん 20ぷん

20までの　かず

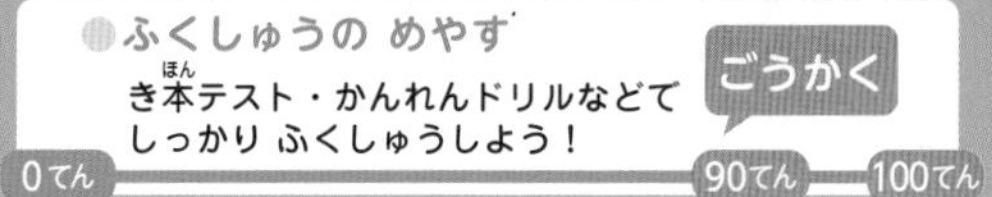

ごうけい
とくてん

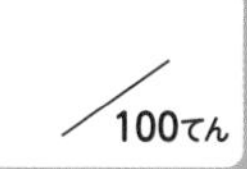

かんれん
ドリル

●すう・りょう・ずけい P.23〜38，89・90
●たしざん P.7〜10

1 それぞれ　いくつ　ありますか。□に　かずを　かきましょう。

〔1もん　5てん〕

①

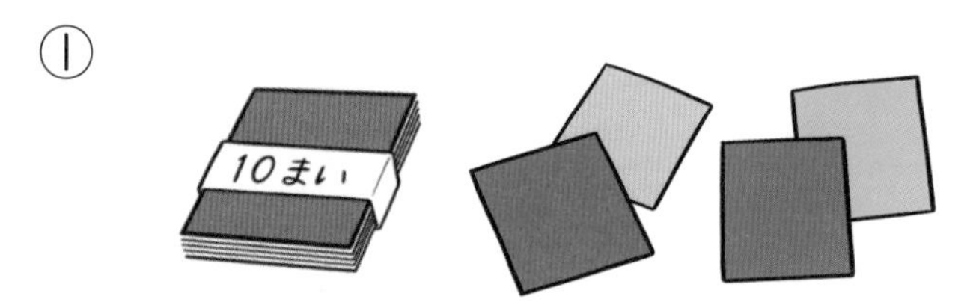

まい

②

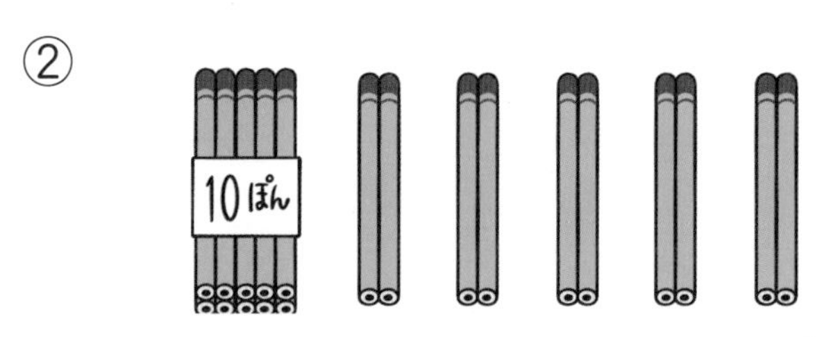

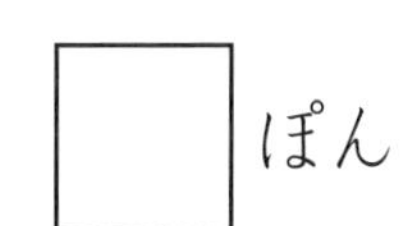
ぽん

③

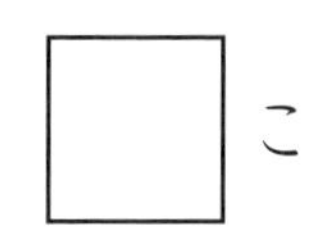
こ

④

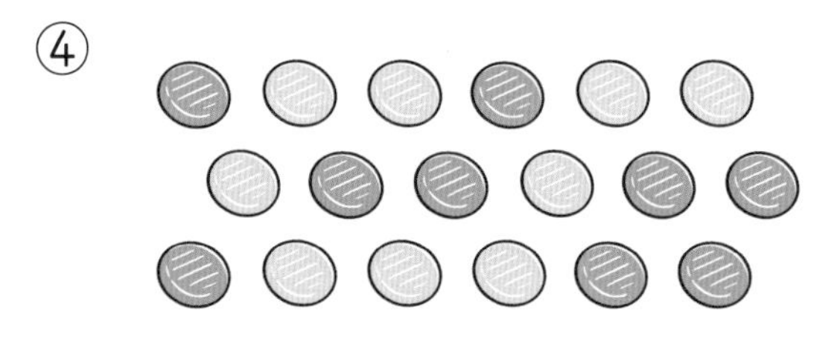

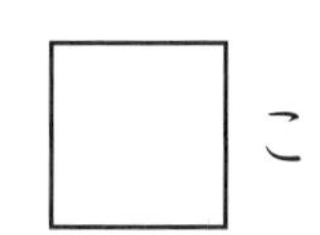
こ

2 □に　あう　かずを　かきましょう。

〔1もん　5てん〕

① 10と　3で　□

② □と　6で　16

③ 19は　□　と　9

④ □　は　10と　5

3 □に　あう　かずを　かきましょう。　〔□1つ　5てん〕

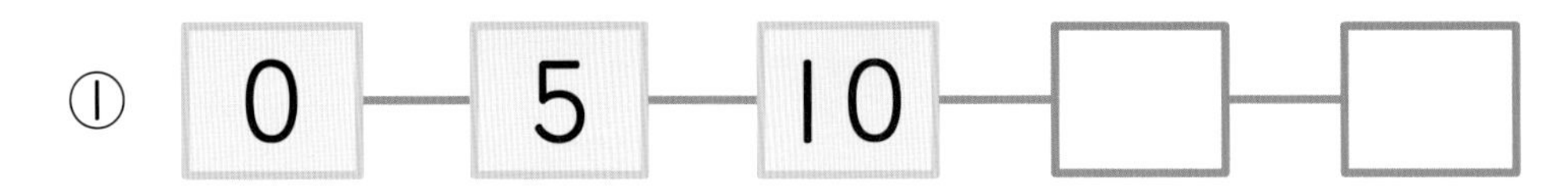

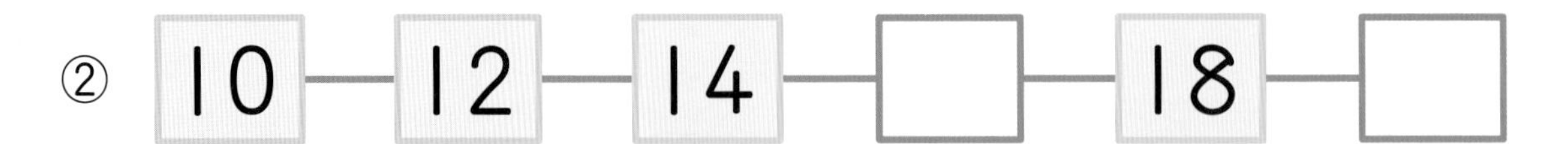

4 ひだりの　3つの　かずの　おおきさを　くらべて，みぎの□に　おおきい　じゅんに　かきましょう。　〔1もん　10てん〕

① 〔12　6　8〕→〔□　□　□〕

② 〔19　17　20〕→〔□　□　□〕

5 やさいの　かずを　しらべて　せいりしました。

〔1もん　10てん〕

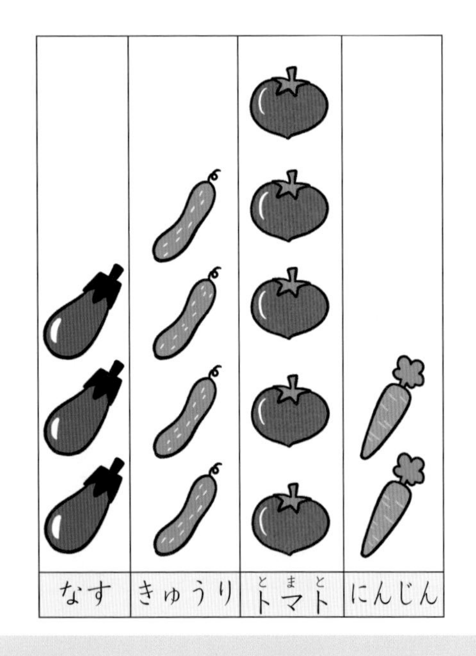

① なすは　いくつ　ありますか。

（　　　つ）

② いちばん　かずの　すくない　やさいは　なんですか。

（　　　　）

11 かんせいテスト② 20までの かず

かんせい 🕒
目ひょうじかん 20ぷん

ごうけい とくてん

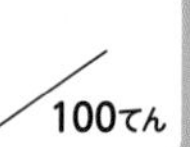

かんれん ドリル
●すう・りょう・ずけい　P.10, 23～38
●たしざん　P.7～10

1 したの　えを　みて，□には　あう　かずを，（　）には　なまえを　かきましょう。〔1もん　5てん〕

① ゆうきさんは　まえから □ ばんめです。

② ひろとさんは　まえから □ ばんめです。

③ えいたさんは　うしろから □ ばんめです。

④ うしろから　14ばんめは（　　　　）さんです。

2 □に　あう　かずを　かきましょう。〔□1つ　5てん〕

① 17 ― 16 ― □ ― 14 ― □ ― 12

② □ ― 19 ― 18 ― 17 ― 16 ― □

3 □に　あう　かずを　かきましょう。　〔□1つ　5てん〕

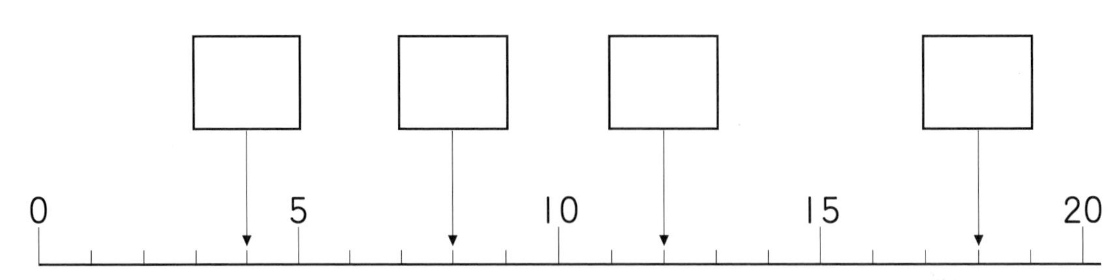

4 つぎの　かずを　かきましょう。　〔1もん　5てん〕

① 8より　1　おおきい　かず　（　　）

② 10より　1　ちいさい　かず　（　　）

③ 12より　2　おおきい　かず　（　　）

④ 12より　2　ちいさい　かず　（　　）

⑤ 17より　3　おおきい　かず　（　　）

⑥ 17より　3　ちいさい　かず　（　　）

⑦ 18より　2　おおきい　かず　（　　）

⑧ 20より　2　ちいさい　かず　（　　）

おおきな　かず

き本の もんだいの チェックだよ。
できなかった もんだいは，しっかり 学しゅう
してから かんせいテストを やろう！

ごうけい
とくてん

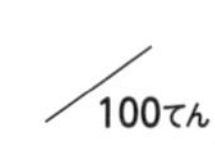

かんれん
ドリル

●すう・りょう・ずけい　P.39～54
●たしざん　P.11～28

〈かぞえかた〉

1　それぞれ　いくつ　ありますか。□に　かずを　かきましょう。　〔1もん　10てん〕

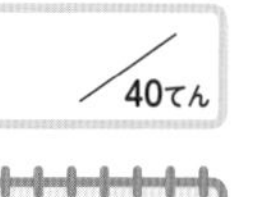

すう・りょう・ずけい 39ページ～

①　〈つみき〉

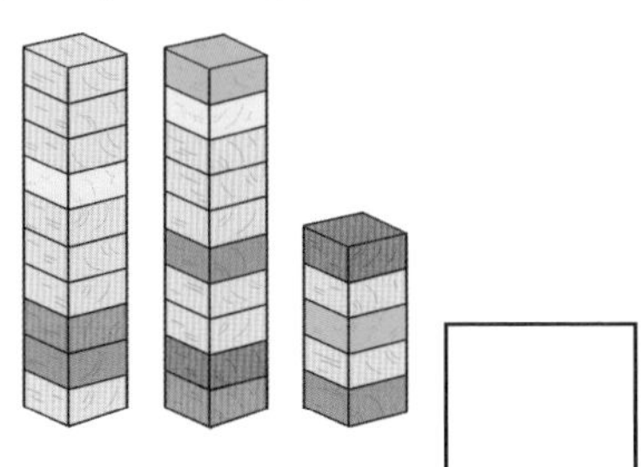

□こ

②　〈つみき〉

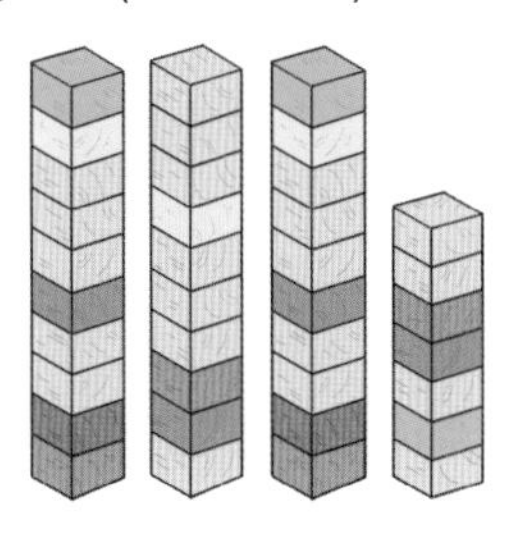

□こ

③　〈いろがみ〉

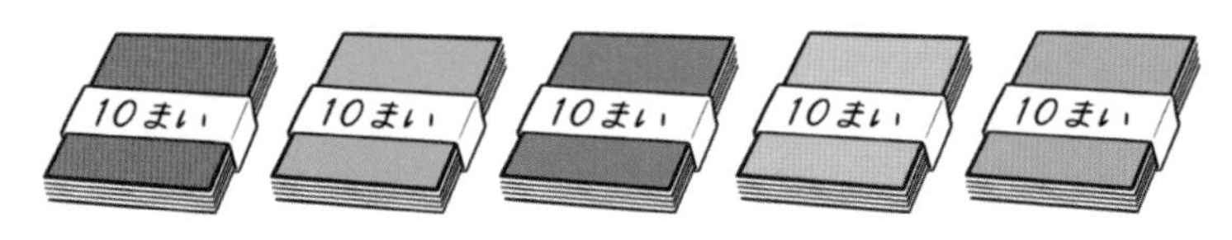

□まい

④　〈えんぴつ〉

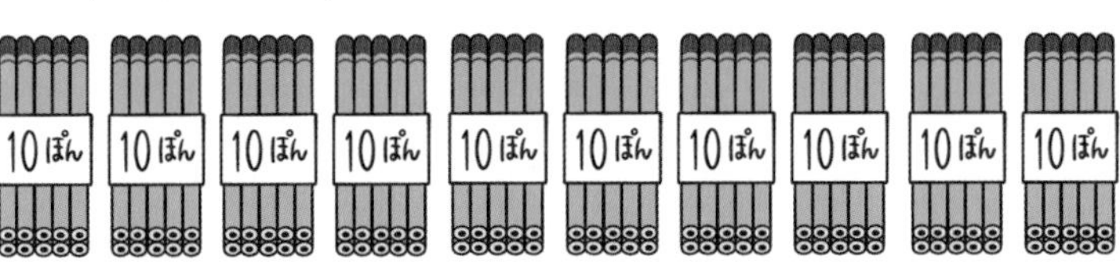

□ぽん

〈かずの　しくみ〉

2　□に　あう　かずを　かきましょう。　〔1もん　5てん〕

10てん

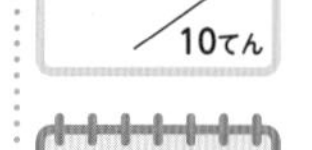

すう・りょう・ずけい 41ページ～

①　10を　5つ　あつめた　かずは 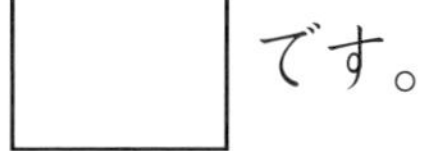 です。

②　10を　4つと，1を　6つ　あわせた　かずは

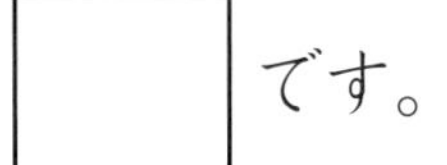 です。

〈くらいどり〉

3 75に　ついて，□に　あう　すうじを　かきましょう。

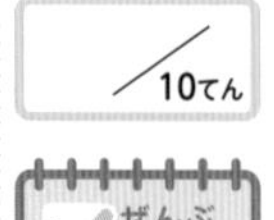

〔1もん　5てん〕

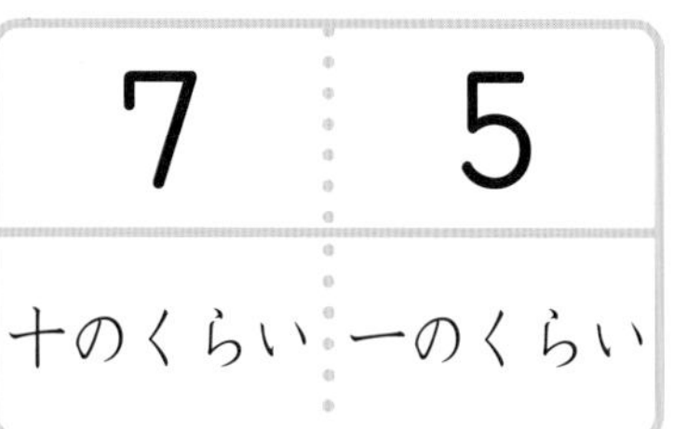

① 一（いち）のくらいの　すうじは □ です。

② 十（じゅう）のくらいの　すうじは □ です。

すう・りょう・ずけい 43ページ～

〈かずの　じゅんじょ〉

4 □に　あう　かずを　かきましょう。　〔□1つ　5てん〕

① 56 ― 57 ― □ ― □ ― 60

② 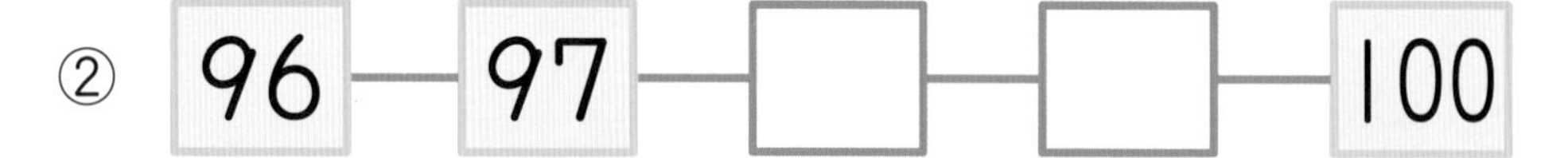

③ 

すう・りょう・ずけい 45ページ～
たしざん 11ページ～

〈おおきさくらべ〉

5 かずの　おおきい　ほうに　○を　かきましょう。

〔1もん　5てん〕

すう・りょう・ずけい 53ページ～

① 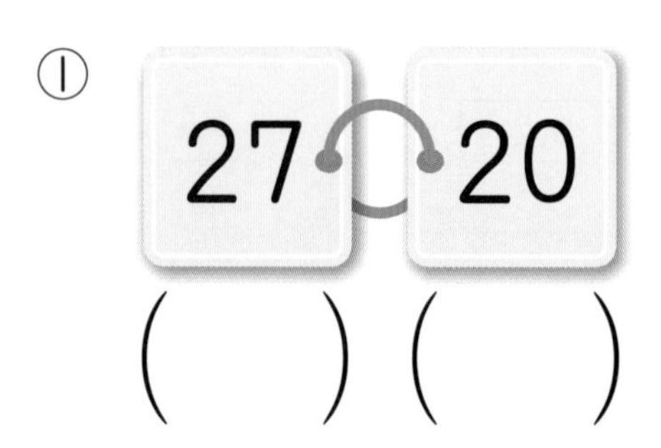

（　　）（　　）

② 

（　　）（　　）

13 おおきな　かず

かんせいテスト①
かんせい
目ひょうじかん　15ふん

●ふくしゅうの めやす
き本テスト・かんれんドリルなどで しっかり ふくしゅうしよう！
ごうかく
0てん　80てん　100てん

ごうけい とくてん　／100てん

かんれん ドリル　●すう・りょう・ずけい　P.39～54

1　りんごや　いろがみは　いくつ　ありますか。□に　かずを　かきましょう。　〔1もん　10てん〕

①

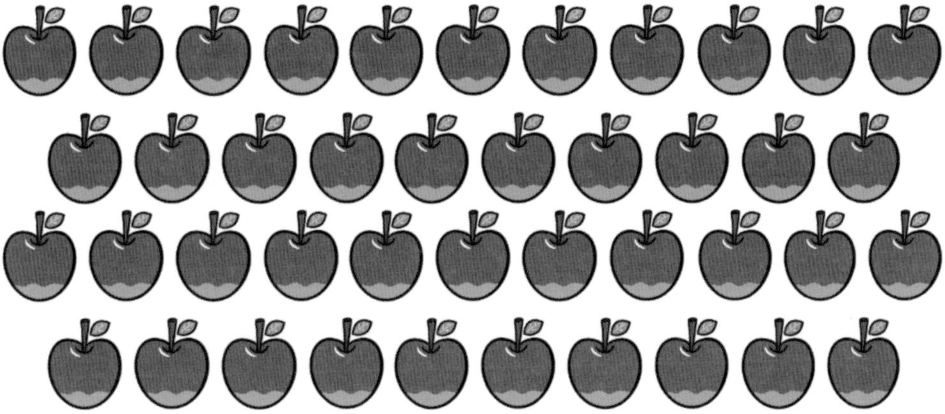

□ こ

②

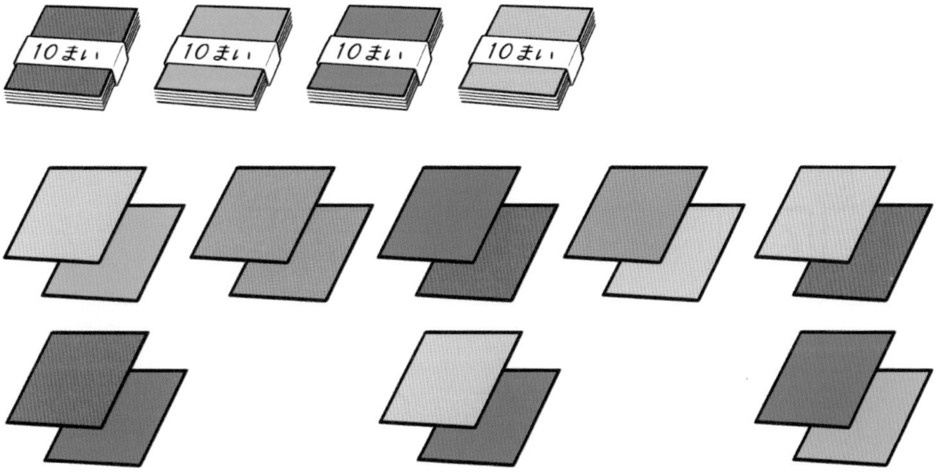
10まい
10まい
10まい
10まい

□ まい

2 □に　あう　かずを　かきましょう。　〔□1つ　10てん〕

① 80は　10を □つ　あつめた　かずです。

② 96は　10を □つと，1を □つ　あわせた　かずです。

③ 10を　10　あつめると □です。

3 □に　あう　かずを　かきましょう。　〔1もん　10てん〕

① 十（じゅう）のくらいが　6，一（いち）のくらいが　3の　かずは □です。

② 一のくらいが　4，十のくらいが　8の　かずは □です。

4 いちばん　おおきい　かずは　どれですか。（　）に　かきましょう。　〔1もん　10てん〕

① 67　97　57　（　　）

② 65　45　66　（　　）

おおきな　かず

●ふくしゅうの めやす
き本テスト・かんれんドリルなどで しっかり ふくしゅうしよう！
0てん　80てん ごうかく　100てん

ごうけい とくてん　／100てん

かんれん ドリル
●すう・りょう・ずけい　P.39～54
●たしざん　P.11～28

1　□に　あう　かずを　かきましょう。　〔1もん　5てん〕

① 45の　一のくらいの　すうじは □ です。

② 86の　十のくらいの　すうじは □ です。

③ 60より　5　おおきい　かずは □ です。

④ 60より　5　ちいさい　かずは □ です。

⑤ 90より　10　おおきい　かずは □ です。

⑥ 100が　1つと，10が　2つで □ です。

⑦ 100より　2　ちいさい　かずは □ です。

⑧ 119より　1　おおきい　かずは □ です。

2 □に　あう　かずを　かきましょう。　〔□1つ　5てん〕

① 75 — 80 — □ — 90 — 95 — 100

② 70 — □ — 90 — 100 — □ — 120

③ 90 — 92 — 94 — □ — 98 — □

④ 25 — 35 — 45 — □ — 65 — 75

3 □に　あう　かずを　かきましょう。　〔□1つ　5てん〕

① 0　10　20
□　□

② 80　90　100
□　□

③ 100　110　120
□　□

たしざん(1)

き本の もんだいの チェックだよ。
できなかった もんだいは，しっかり 学しゅうしてから かんせいテストを やろう！

ごうけい とくてん　/100てん

かんれん ドリル
●たしざん P.29～68，95～98
●文しょうだい P.1～16

〈10までの　たしざん〉

1 つぎの　たしざんの　□に　あう　かずを　かきましょう。

/20てん

〔1もん　10てん〕

① 4＋3は　いくつですか。

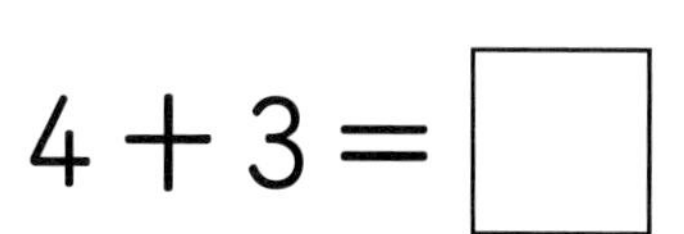

$4+3=\square$

② 2＋6は　いくつですか。

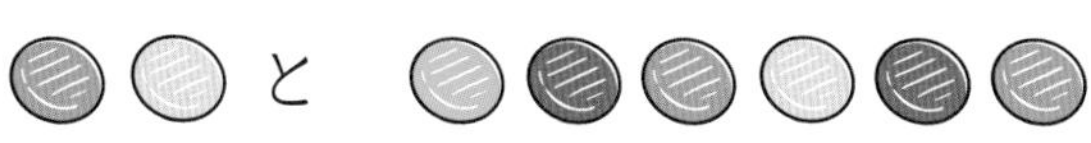
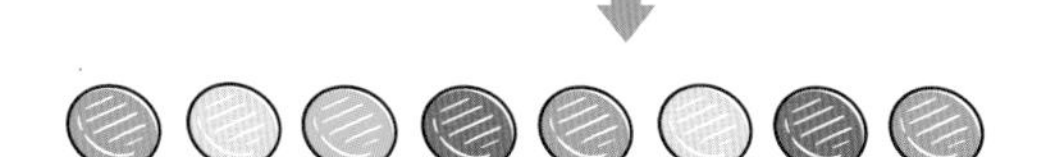

$2+6=\square$

〈0の　たしざん〉

2 つぎの　たしざんの　□に　あう　かずを　かきましょう。

/20てん

〔1もん　10てん〕

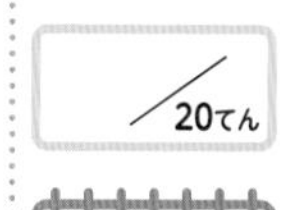

① 4＋0は　いくつですか。

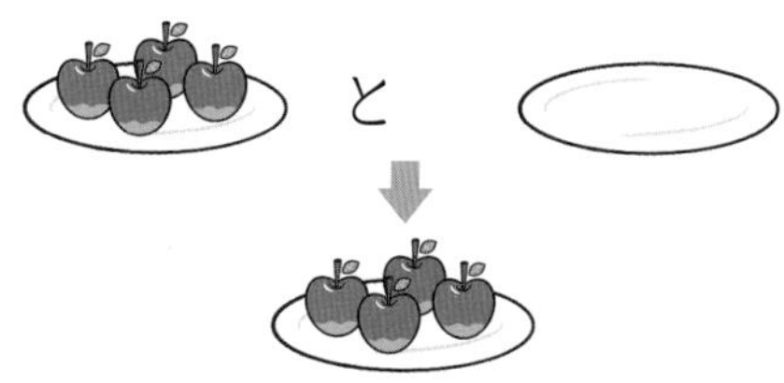

$4+0=\square$

② 0＋6は　いくつですか。

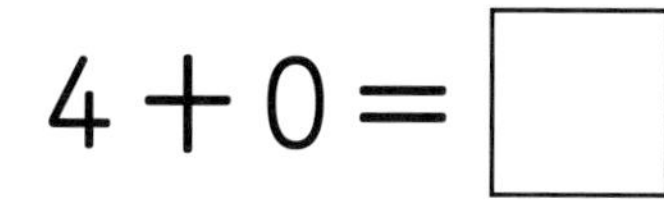
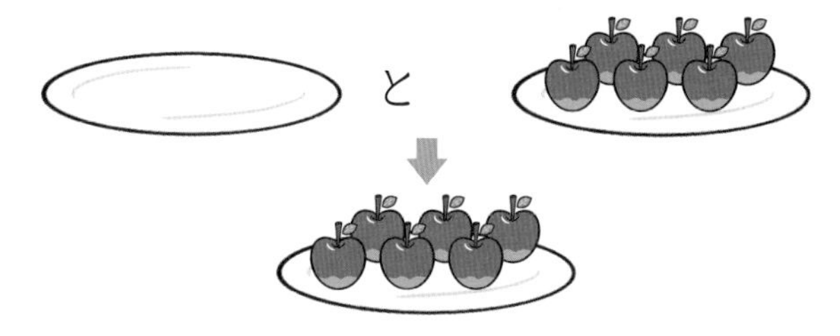

$0+6=\square$

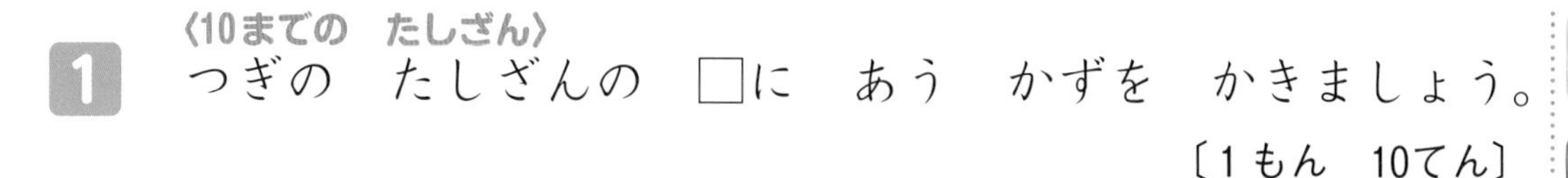

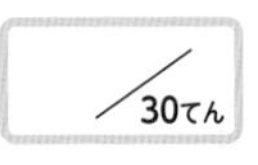

〈あわせて　いくつ〉

3　あおい　ふうせんが　4つ，しろい　ふうせんが　2つ　あります。ふうせんは　あわせて　いくつ　ありますか。□に　あう　かずを　かきましょう。〔1もん　10てん〕

① あおい　ふうせんの　4つと　しろい　ふうせんの　□つを　たします。

② しき　□＋□＝□

③ こたえ　□つ

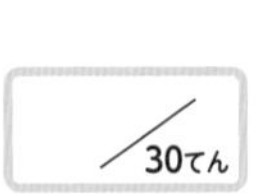

〈ふえると　いくつ〉

4　はとが　5わ　います。4わ　とんで　きました。はとは　なんわに　なりましたか。□に　あう　かずを　かきましょう。〔1もん　10てん〕

① 5わと　□わを　たします。

② しき　□＋□＝□

③ こたえ　□わ

16 かんせいテスト
かんせい 目ひょうじかん 20ぷん

たしざん(1)

●ふくしゅうの めやす
き本テスト・かんれんドリルなどで しっかり ふくしゅうしよう！
0てん　90てん　100てん
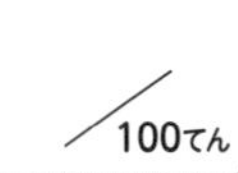

ごうけい とくてん　／100てん

かんれん ドリル
●たしざん P.29～68，95～98
●文しょうだい P.1～16

1 たしざんを　しましょう。　〔1もん　5てん〕

① $6+3=$ □　② $4+6=$ □

③ $8+1=$ □　④ $0+7=$ □

⑤ $2+4=$ □　⑥ $3+5=$ □

⑦ $0+0=$ □　⑧ $5+4=$ □

⑨ $7+3=$ □　⑩ $4+4=$ □

2 ななみさんは　いちごを　6こ　とりました。いもうとは　4こ　とりました。

とった　いちごは，ぜんぶで　なんこですか。　〔10てん〕

こたえ（　　　　）

3 はとが　5わ　います。そこへ　はとが　3わ　とんで きました。

はとは，ぜんぶで　なんわに　なりましたか。〔10てん〕

しき

こたえ（　　　　）

4 ぶらんこで　あそんで　いる　こどもが　4にん，てつぼうで あそんで　いる　こどもが　5にん　います。

こどもは，ぜんぶで　なんにん　いますか。〔10てん〕

しき

こたえ（　　　　）

5 はるかさんは　たまいれを　しました。1かいめに　3つ はいり，2かいめには　はいりませんでした。

ぜんぶで　いくつ　はいりましたか。〔10てん〕

しき

こたえ（　　　　）

6 あおい　いろがみが　6まい，きいろい　いろがみが　2まい あります。

いろがみは，ぜんぶで　なんまい　ありますか。〔10てん〕

しき

こたえ（　　　　）

たしざん(2)

き本の もんだいの チェックだよ。
できなかった もんだいは，しっかり 学しゅう してから かんせいテストを やろう！

ごうけい とくてん　/100てん

かんれん ドリル
●たしざん P.45～82
●文しょうだい P.13～16

〈10の　たしざん〉

1　つぎの　たしざんの　□に　あう　かずを　かきましょう。

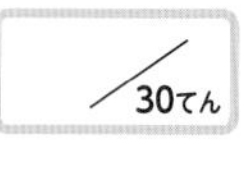

〔1もん　15てん〕

① 10＋3は　いくつですか。

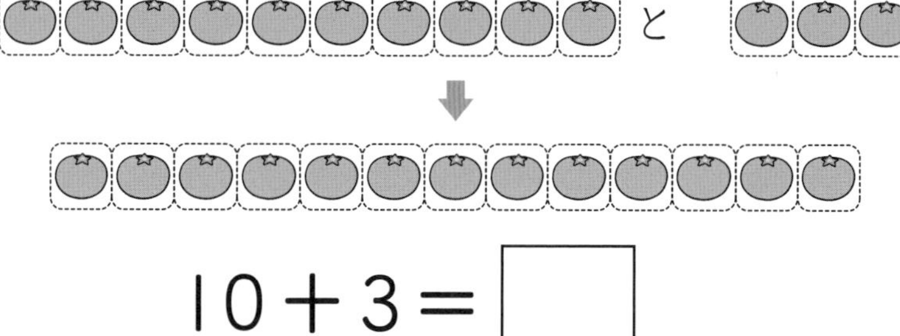

10＋3＝□

② 10＋4は　いくつですか。

と

10＋4＝□

〈たしざんの　もんだい〉

2　きいろの　おはじきが　10こ，みどりの　おはじきが　5こ　あります。おはじきは　ぜんぶで　なんこですか。

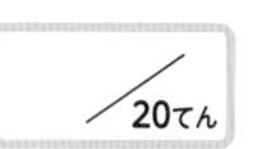

〔20てん〕

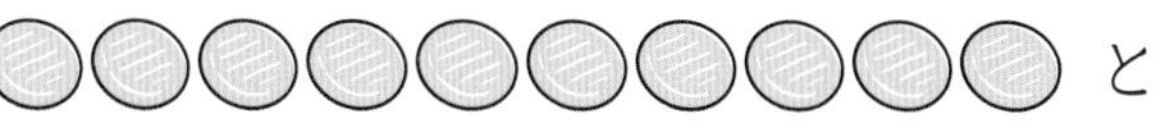
と
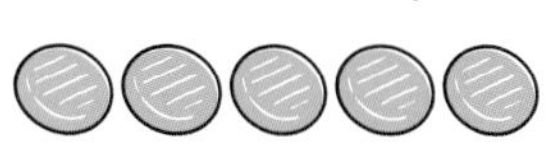

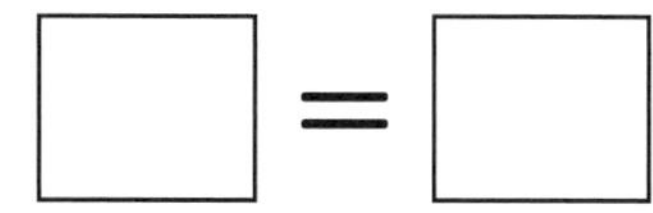
しき　□＋□＝□

こたえ（　　　こ）

3 〈十(じゅう)いくつの　たしざん〉

つぎの　たしざんの　□に　あう　かずを　かきましょう。

〔1もん　15てん〕

① 12＋3は　いくつですか。

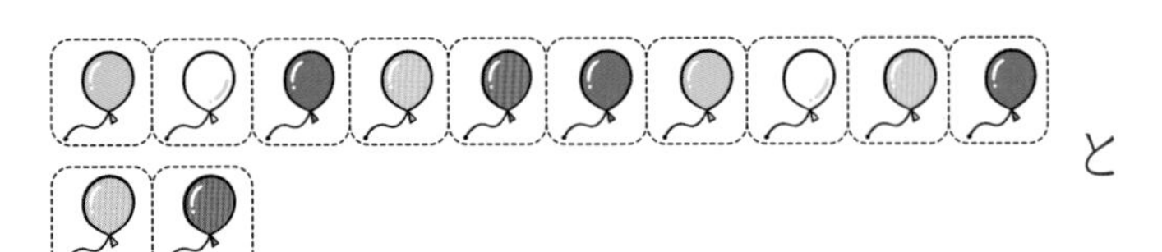

と

$12+3=\square$

② 15＋2は　いくつですか。

と

$15+2=\square$

4 〈たしざんの　もんだい〉

ことりが　11わ　います。4わ　とんで　くると，なんわに　なりますか。

〔20てん〕

しき　$\square+\square=\square$

こたえ（　　　わ）

18 かんせいテスト たしざん(2)

かんせい
目ひょうじかん 20ぷん

●ふくしゅうの めやす
き本テスト・かんれんドリルなどで しっかり ふくしゅうしよう！
ごうかく
0てん 90てん 100てん

ごうけい とくてん 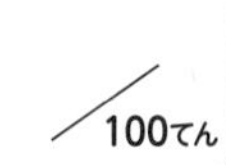 /100てん

かんれん ドリル
●たしざん P.45～82
●文しょうだい P.13～16

1 たしざんを しましょう。〔1もん 5てん〕

① 10＋8 ② 10＋7

③ 10＋9 ④ 10＋6

⑤ 13＋3 ⑥ 14＋4

⑦ 17＋2 ⑧ 12＋7

⑨ 11＋4 ⑩ 14＋3

⑪ 13＋6 ⑫ 15＋2

2 たまごが 10こ あります。きょう にわとりが 4こ うみました。
たまごは，ぜんぶで なんこに なりましたか。〔10てん〕

しき

こたえ （　　　　）

3 えんぴつが　12ほん　あります。きょう　おねえさんから　6ぽん　もらいました。

えんぴつは，ぜんぶで　なんぼんに　なりましたか。〔10てん〕

しき

こたえ（　　　　　）

4 こどもが，ぶらんこで　10にん　あそんで　います。すべりだいで　9にん　あそんで　います。

こどもは，ぜんぶで　なんにん　いますか。〔10てん〕

しき

こたえ（　　　　　）

5 いちごの　ケーキが　13こ，みかんの　ケーキが　6こ　あります。

ケーキは，あわせて　なんこ　ありますか。〔10てん〕

しき

こたえ（　　　　　）

たしざん(3)

き本の もんだいの チェックだよ。
できなかった もんだいは，しっかり 学しゅう
してから かんせいテストを やろう！

ごうけい とくてん　／100てん

かんれん ドリル
●たしざん P.51～82
●文しょうだい P.15・16

〈くりあがる たしざん〉

1 つぎの たしざんの □に あう かずを かきましょう。

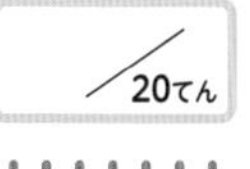

〔1もん 10てん〕

たしざん 57ページ～

① 8＋4は いくつですか。

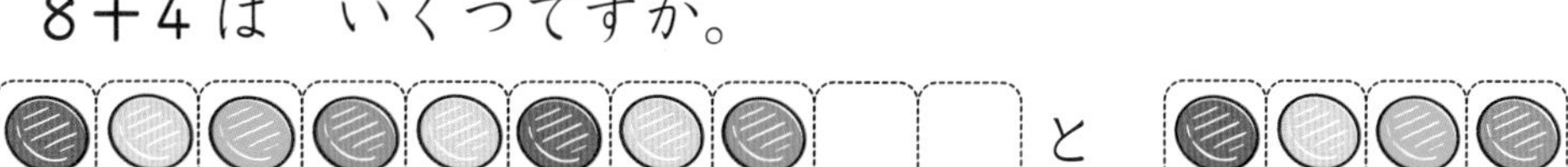

と

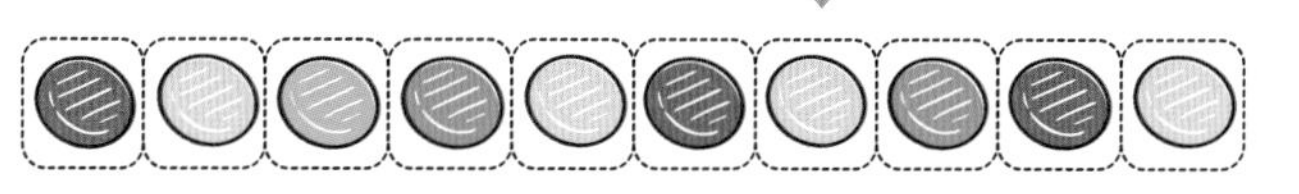

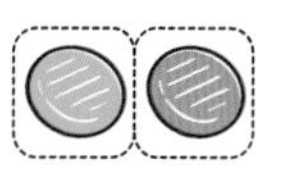

$8+4=\square$

② 6＋7は いくつですか。

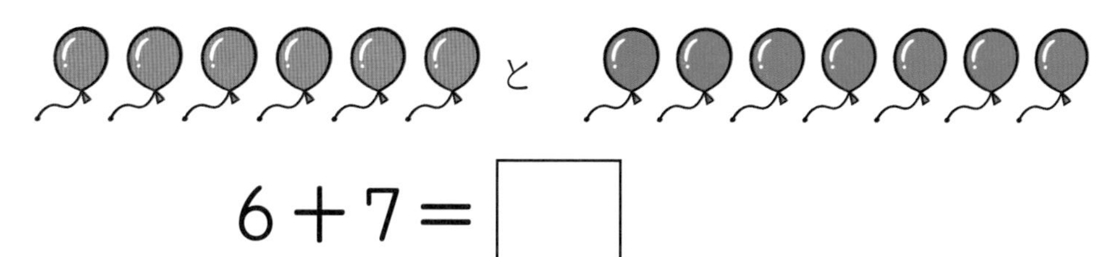

と

$6+7=\square$

〈たしざんの もんだい〉

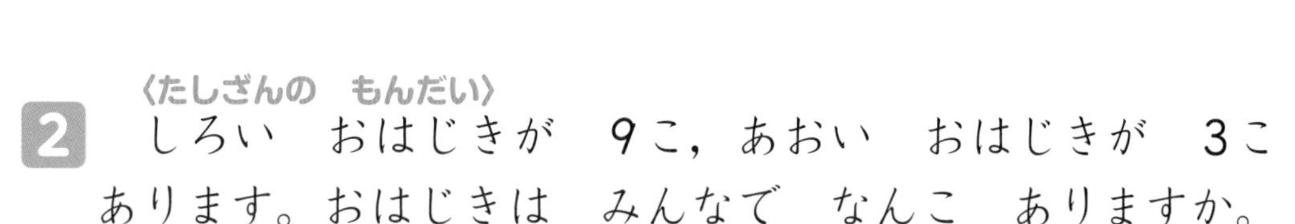

2 しろい おはじきが 9こ，あおい おはじきが 3こ
あります。おはじきは みんなで なんこ ありますか。

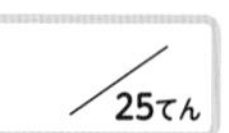

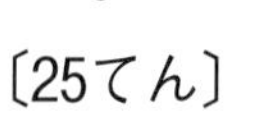

〔25てん〕

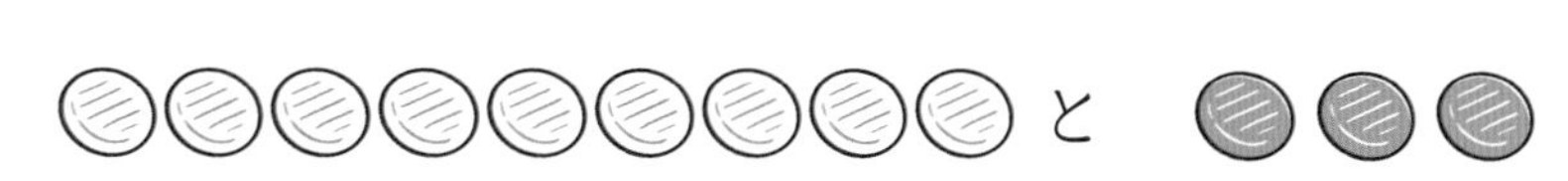

と

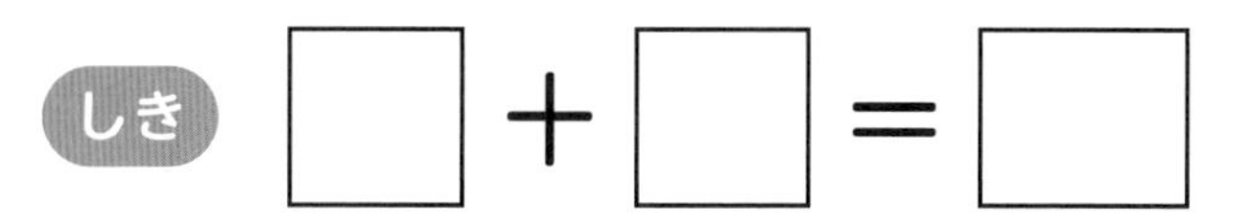

しき　□＋□＝□

こたえ（　　　こ）

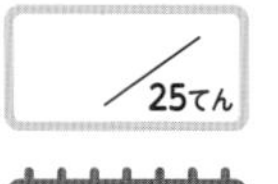

〈たしざんの　もんだい〉

3 ちゅうしゃじょうに　くるまが　5だい　とまって　います。そこへ　6だい　やって　きました。くるまは　ぜんぶで　なんだいに　なりましたか。〔25てん〕

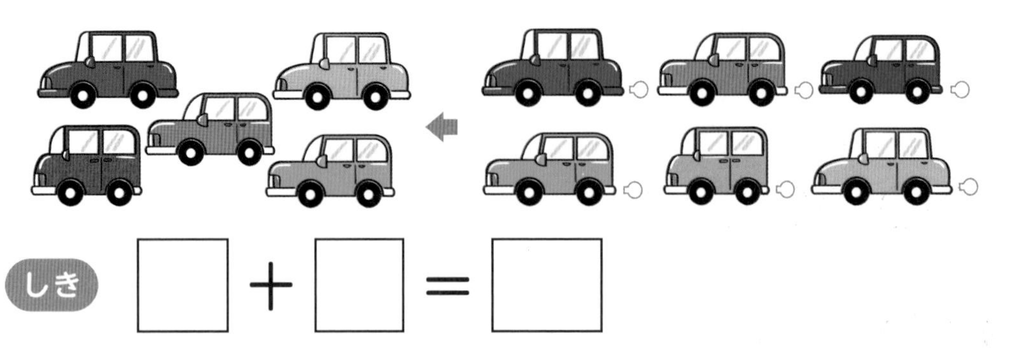

しき □＋□＝□

こたえ （　　　　だい）

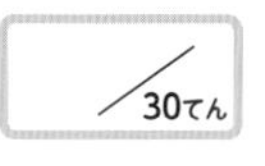

〈こたえが　おなじに　なる　たしざん〉

4 みぎと　ひだりの　たしざんの　こたえは　おなじです。□に　あう　かずを　かきましょう。〔1もん　10てん〕

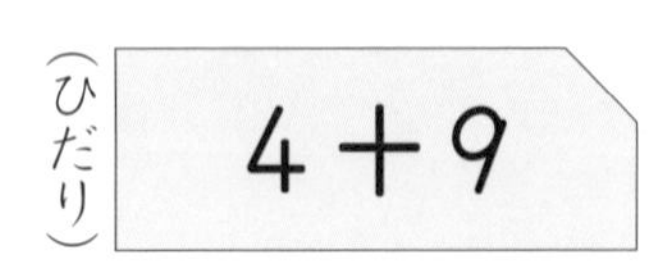

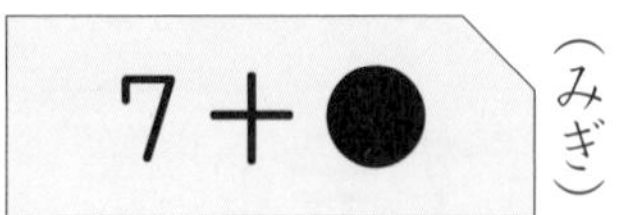

① 4＋9は　□　です。

② 7に　□　を　たすと　13に　なります。

③ みぎの　たしざんの

●は　□　です。

たしざん(3)

●ふくしゅうの めやす
き本(ほん)テスト・かんれんドリルなどで しっかり ふくしゅうしよう！

0てん 90てん 100てん

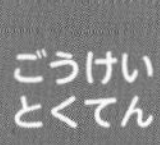

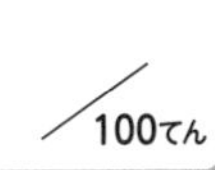

かんれんドリル
●たしざん P.29〜82
●文しょうだい P.15・16

1 たしざんを しましょう。 〔1もん 4てん〕

① 6＋5 ② 8＋6

③ 7＋7 ④ 9＋8

⑤ 3＋9 ⑥ 4＋7

⑦ 5＋8 ⑧ 6＋9

⑨ 4＋9 ⑩ 3＋8

⑪ 9＋2 ⑫ 9＋3

⑬ 9＋4 ⑭ 8＋3

⑮ 8＋4 ⑯ 7＋4

2　(あ)～(え)の　たしざんと　こたえが　おなじに　なる　たしざんを(か)～(け)から　えらんで，せんで　むすびましょう。

〔1くみ　できて　4てん〕

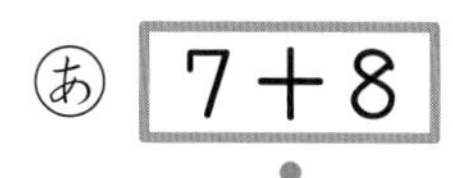

(あ) 7＋8	(い) 6＋7	(う) 9＋5	(え) 8＋8
(か) 8＋5	(き) 9＋6	(く) 7＋9	(け) 6＋8

3　すずめが　やねの　うえに　5わ，でんせんに　7わ　います。すずめは　ぜんぶで　なんわ　いますか。〔10てん〕

しき

こたえ（　　　　）

4　みさきさんは　えんぴつを　9ほん　もって　います。きょう　おかあさんに　4ほん　もらいました。

えんぴつは　ぜんぶで　なんぼんに　なりましたか。〔10てん〕

しき

こたえ（　　　　）

ひきざん(1)

き本の もんだいの チェックだよ。
できなかった もんだいは，しっかり 学しゅう してから かんせいテストを やろう！

ごうけい とくてん ／100てん

かんれん ドリル
●ひきざん P.25～54
●文しょうだい P.23～38

〈10までからの ひきざん〉

1 つぎの ひきざんの □に あう かずを かきましょう。

〔1もん 10てん〕

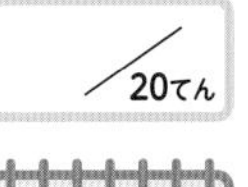

① 5－2は いくつですか。

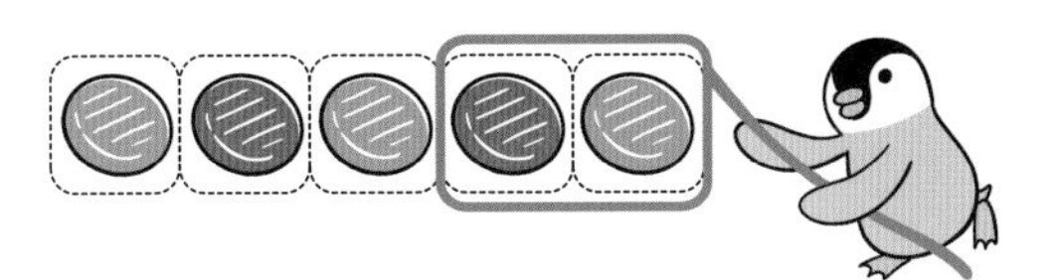

$5-2=\square$

② 9－5は いくつですか。

$9-5=\square$

〈0の ひきざん〉

2 つぎの ひきざんの □に あう かずを かきましょう。

〔1もん 10てん〕

① 4－0は いくつですか。

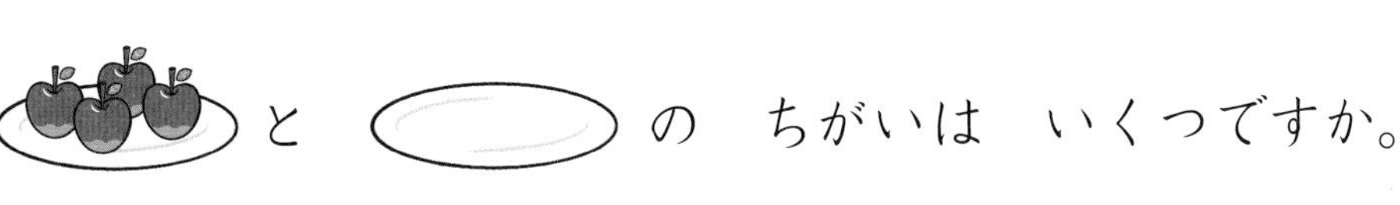

と の ちがいは いくつですか。

$4-0=\square$

② 7－7は いくつですか。

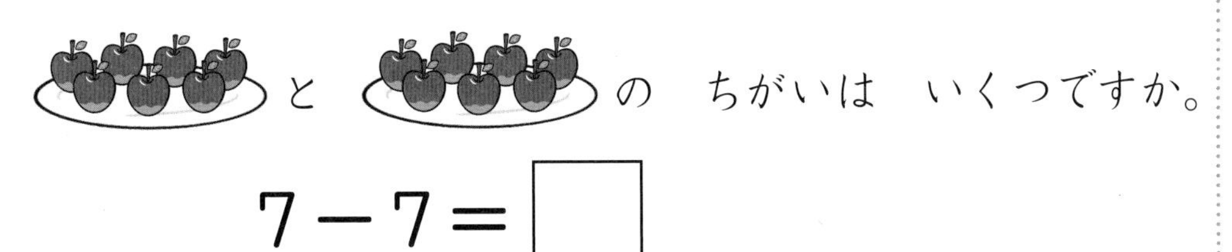

と の ちがいは いくつですか。

$7-7=\square$

〈のこりは　いくつ〉

3 いちごが　6こ　ありました。ゆみさんは　きょう　2こ　たべました。いちごは　なんこ　のこって　いますか。□に　あう　かずを　かきましょう。〔1もん　10てん〕

のこり　たべた

① いちごの　はじめの　かず　6こから，たべた　かず　□こを　ひきます。

② しき　□－□＝□

③ こたえ　□こ

〈ちがいは　いくつ〉

4 りんごが　8こ，なしが　5こ　あります。りんごと　なしの　かずの　ちがいは　なんこですか。□に　あう　かずを　かきましょう。〔1もん　10てん〕

りんご

なし

ちがい

① りんごの　かず　8こから，なしの　かず　□こを　ひきます。

② しき　□－□＝□

③ こたえ　□こ

／30てん

ぜんぶ　できたら

ひきざん　25ページ～
文しょうだい　23ページ～

／30てん

ぜんぶ　できたら

ひきざん　43ページ～
文しょうだい　23ページ～

ひきざん(1)

●ふくしゅうの めやす
き本テスト・かんれんドリルなどで しっかり ふくしゅうしよう！
0てん　90てん　100てん

ごうけい とくてん

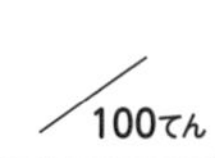

かんれん ドリル
●ひきざん P.25～54
●文しょうだい P.23～38

1 ひきざんを しましょう。 〔1もん 5てん〕

① 5－2＝□　② 6－4＝□

③ 8－3＝□　④ 9－6＝□

⑤ 10－4＝□　⑥ 9－0＝□

⑦ 7－3＝□　⑧ 9－5＝□

⑨ 0－0＝□　⑩ 8－2＝□

2 いろがみが 8まい あります。5まい つかいました。いろがみは なんまい のこって いますか。 〔10てん〕

しき

(　　　　)

3 いけで　あひるが　6わ　およいで　います。2わが　きしに　あがりました。

いけの　なかの　あひるは，なんわに　なりましたか。〔10てん〕

しき

こたえ（　　　　）

4 こどもが　7にん　います。ぼうしを　かぶって　いる　こどもは　4にんです。

ぼうしを　かぶって　いない　こどもは　なんにんですか。

〔10てん〕

しき

こたえ（　　　　）

5 わなげで　はるとさんは　3つ　はいりました。ゆうなさんは　はいりませんでした。

はいった　かずの　ちがいは　いくつですか。〔10てん〕

しき

こたえ（　　　　）

6 すずめが　10わ　います。はとが　6わ　います。

どちらの　ほうが　なんわ　おおいでしょうか。〔10てん〕

しき

こたえ（　　　　の　ほうが　　　　おおい。）

ひきざん(2)

き本の もんだいの チェックだよ。
できなかった もんだいは，しっかり 学しゅう
してから かんせいテストを やろう！

ごうけい とくてん　/100てん

かんれん ドリル　●ひきざん P.53～68

〈こたえが 10に なる ひきざん〉

1 つぎの ひきざんの □に あう かずを かきましょう。

〔1もん 15てん〕

① 12－2は いくつですか。

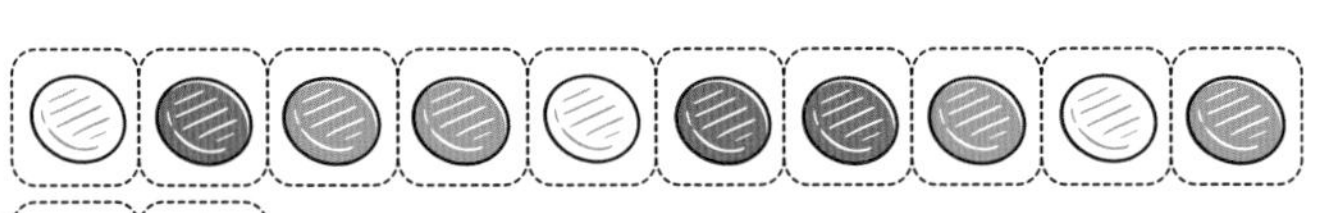

2こ とるよ。

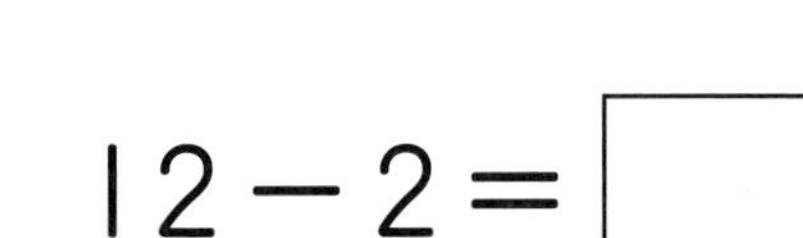

$12-2=\square$

② 15－5は いくつですか。

5こ とるよ。

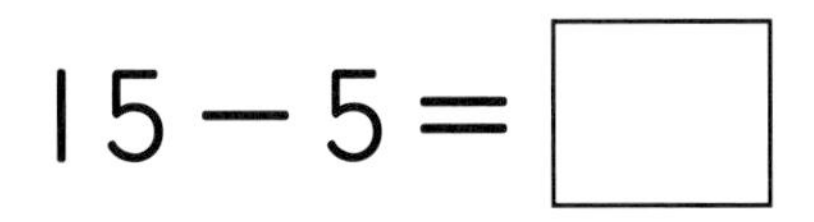

$15-5=\square$

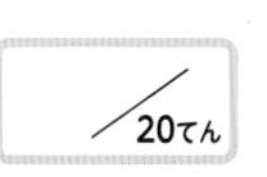

〈ひきざんの もんだい〉

2 おりがみが 14まい あります。4まい つかうと，
のこりは なんまいですか。　〔20てん〕

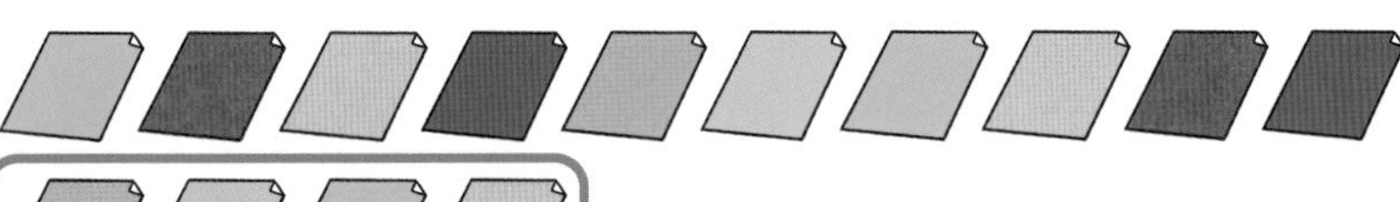

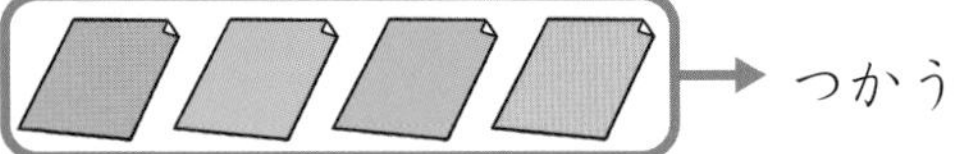

つかう

しき $\square-\square=\square$

こたえ (　　　まい)

3 〈こたえが　十（じゅう）いくつの　ひきざん〉

つぎの　ひきざんの　□に　あう　かずを　かきましょう。

〔1もん　15てん〕

① 15－3は　いくつですか。

15－3＝□

② 16－2は　いくつですか。

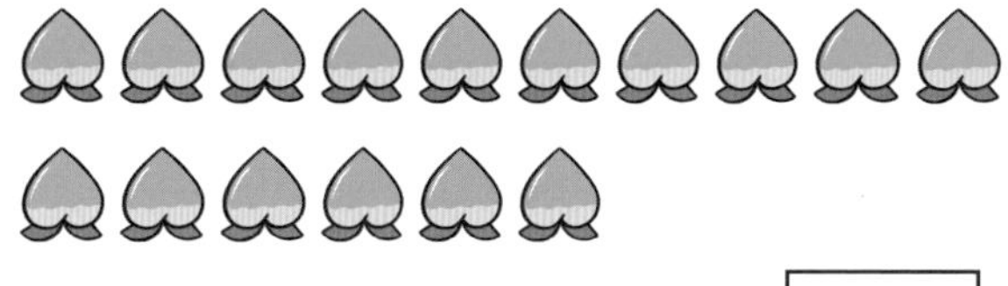

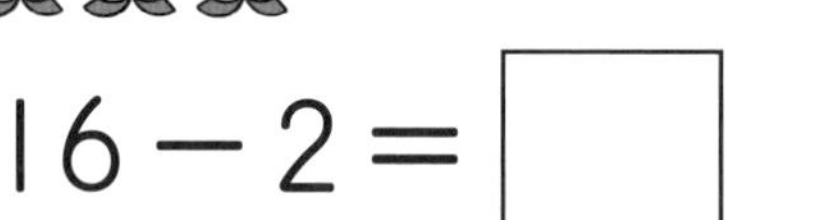

16－2＝□

4 〈ひきざんの　もんだい〉

きいろの　ふうせんが　13，みどりの　ふうせんが　2つ　あります。きいろの　ふうせんと　みどりの　ふうせんの　かずの　ちがいは　いくつですか。

〔20てん〕

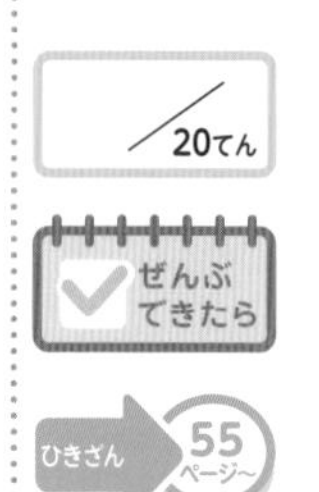

しき　□－□＝□

こたえ（　　　　）

24 かんせいテスト
かんせい 目ひょうじかん 20ぷん

ひきざん(2)

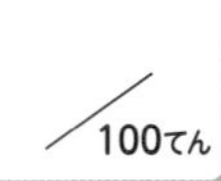
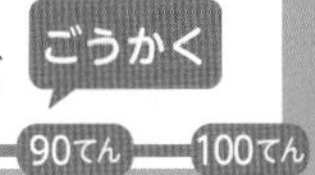

●ふくしゅうの めやす
き本テスト・かんれんドリルなどで しっかり ふくしゅうしよう！
0てん　90てん ごうかく　100てん

ごうけい とくてん　／100てん

かんれん ドリル　●ひきざん P.53〜68

1 ひきざんを　しましょう。〔1もん　5てん〕

① 15－5　② 19－9

③ 16－6　④ 17－7

⑤ 15－4　⑥ 16－5

⑦ 19－7　⑧ 17－4

⑨ 18－5　⑩ 16－4

⑪ 19－6　⑫ 18－6

2 1ねんせいが　14にん，2ねんせいが　4にん　います。
1ねんせいは，2ねんせいより　なんにん　おおいでしょうか。

〔10てん〕

しき

こたえ（　　　　）

3 トマト（とまと）が　16こ　とれました。となりの　いえに　6こ　あげました。トマトは　なんこ　のこって　いますか。　〔10てん〕

しき

こたえ（　　　　）

4 ケーキ（けえき）が　14こ　あります。3こ　たべると，のこりは　なんこに　なりますか。　〔10てん〕

しき

こたえ（　　　　）

5 なわとびを　して　あそんで　いる　こどもが　18にん　います。ボール（ぼうる）で　あそんで　いる　こどもが　6にん　います。

なわとびを　して　いる　こどもは，ボールで　あそんで　いる　こどもより　なんにん　おおいでしょうか。　〔10てん〕

しき

こたえ（　　　　）

ひきざん(3)

き本の もんだいの チェックだよ。
できなかった もんだいは，しっかり 学しゅう してから かんせいテストを やろう！

ごうけい とくてん ／100てん

かんれん ドリル
●ひきざん P.53～68
●文しょうだい P.48

〈くりさがる ひきざん〉

1 つぎの ひきざん の □に あう かずを かきましょう。

〔1もん 10てん〕

／20てん

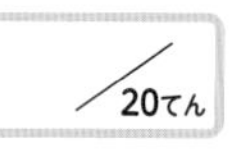

ひきざん 53ページ～

① 12−3は いくつですか。

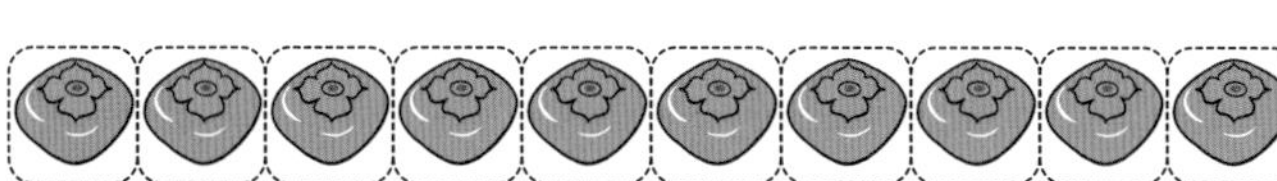

12 − 3 = □

② 13−7は いくつですか。

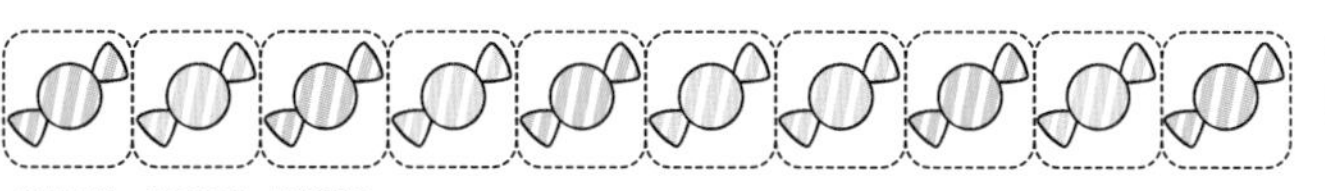

13 − 7 = □

〈ひきざんの もんだい〉

2 はとが 14わ いました。6わ とんで いきました。
はとは なんわ のこって いますか。 〔25てん〕

／25てん

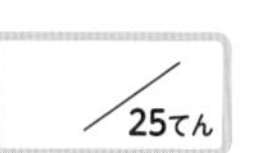

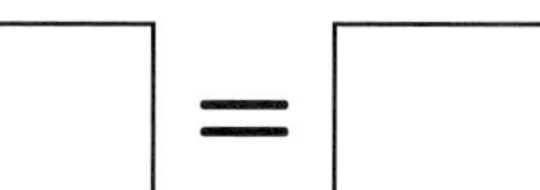

しき □ − □ = □

こたえ （　　　わ）

3 〈ひきざんの　もんだい〉

なしが　12こ，ももが　8こ　あります。なしは　ももより　なんこ　おおいでしょうか。〔25てん〕

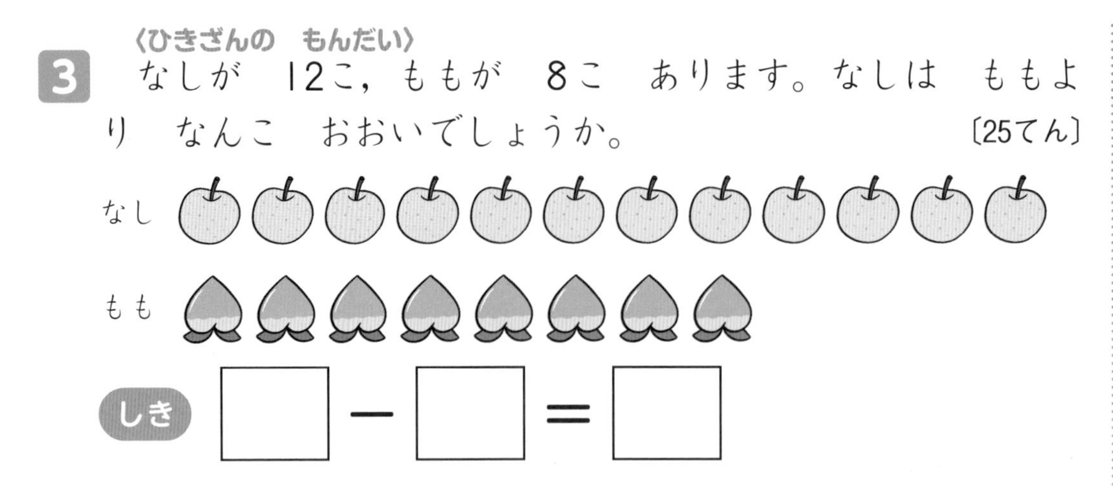

しき　□ − □ ＝ □

こたえ（　　　こ）

4 〈こたえが　おなじに　なる　ひきざん〉

30てん　ぜんぶ できたら

みぎと　ひだりの　ひきざんの　こたえは　おなじです。□に　あう　かずを　かきましょう。〔1もん　10てん〕

（ひだり）13−7　　15−●（みぎ）

① 13−7は □ です。

② 15から □ を　ひくと　6に　なります。

③ みぎの　ひきざんの　●は □ です。

26 かんせいテスト

かんせい 目ひょうじかん 20ぷん

ひきざん(3)

●ふくしゅうの めやす
き本テスト・かんれんドリルなどで しっかり ふくしゅうしよう！

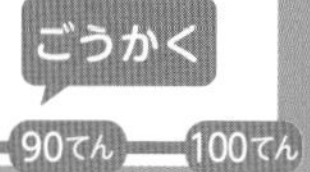

0てん　90てん　100てん

ごうけい とくてん

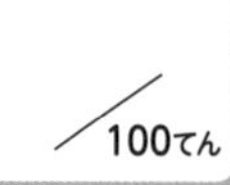

かんれん ドリル
●ひきざん P.51～68
●文しょうだい P.48

1 ひきざんを　しましょう。　〔1もん　4てん〕

① $11-2$　　② $11-3$

③ $11-4$　　④ $11-5$

⑤ $12-3$　　⑥ $12-4$

⑦ $13-5$　　⑧ $13-6$

⑨ $14-8$　　⑩ $15-6$

⑪ $16-7$　　⑫ $17-9$

⑬ $18-9$　　⑭ $14-6$

⑮ $15-8$　　⑯ $13-8$

2 ㋐〜㋓の　ひきざんと　こたえが　おなじに　なる　ひきざんを　㋕〜㋘から　えらんで，せんで　むすびましょう。

〔1くみ　できて　4てん〕

㋐ 13−6　　㋑ 12−9　　㋒ 17−8　　㋓ 15−7

㋕ 18−9　　㋖ 12−5　　㋗ 16−8　　㋘ 11−8

3 かきを　14こ　とりました。となりの　いえに　6こ　あげました。

かきは　なんこ　のこって　いますか。〔10てん〕

しき

4 りんごが　16こ，みかんが　7こ　あります。かずの　ちがいは　なんこですか。〔10てん〕

しき

たしざんと　ひきざん

きほんの もんだいの チェックだよ。
できなかった もんだいは，しっかり 学しゅう
してから かんせいテストを やろう！

ごうけい とくてん　/100てん

かんれん ドリル　●ひきざん　P.81～84

〈3つの　かずの　たしざん〉

1 4＋2＋1は　いくつですか。□に　あう　かずを　かきましょう。〔□1つ　6てん〕

① はじめに　4と　2を　たすと，□に　なります。

② つぎに　4と　2を　たした　こたえの□に　1を　たすと，□に　なります。

③ 4＋2＋1＝□

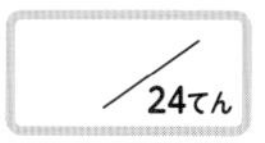

〈3つの　かずの　ひきざん〉

2 9－4－2は　いくつですか。□に　あう　かずを　かきましょう。〔□1つ　6てん〕

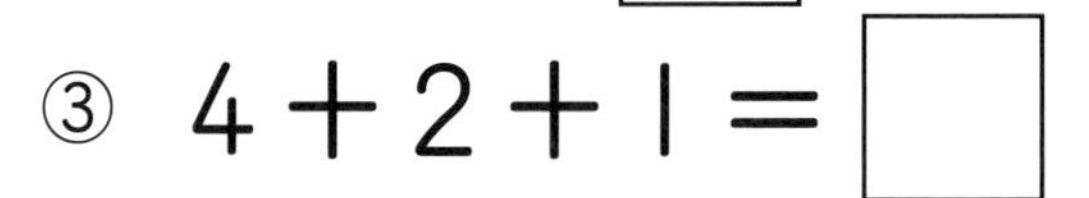

① はじめに　9から　4を　ひくと，□に　なります。

② つぎに　9から　4を　ひいた　こたえの□から　2を　ひくと，□に　なります。

③ 9－4－2＝□

〈3つの　かずの　たしざんと　ひきざん〉

3　8－4＋3は　いくつですか。□に　あう　かずを
かきましょう。　〔□1つ　6てん〕

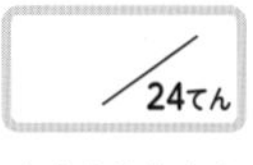

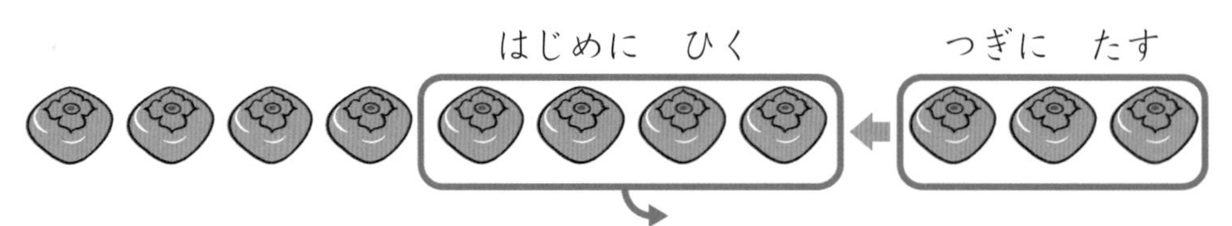

① はじめに　8から　4を　ひくと　□

② つぎに　□に　3を　たすと　□

③ 8－4＋3＝□

〈3つの　かずの　たしざんと　ひきざん〉

4　3＋5－2は　いくつですか。□に　あう　かずを
かきましょう。　〔□1つ　7てん〕

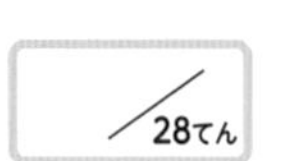

はじめに　たす　　つぎに　ひく

① はじめに　3と　5を　たすと　□

② つぎに　□から　2を　ひくと　□

③ 3＋5－2＝□

28 き本テスト②
かんせい 目ひょうじかん 15ふん

たしざんと　ひきざん

き本の もんだいの チェックだよ。
できなかった もんだいは，しっかり 学しゅう
してから かんせいテストを やろう！

ごうけい とくてん　／100てん

かんれん ドリル
●ひきざん P.81～84
●文しょうだい P.53～56

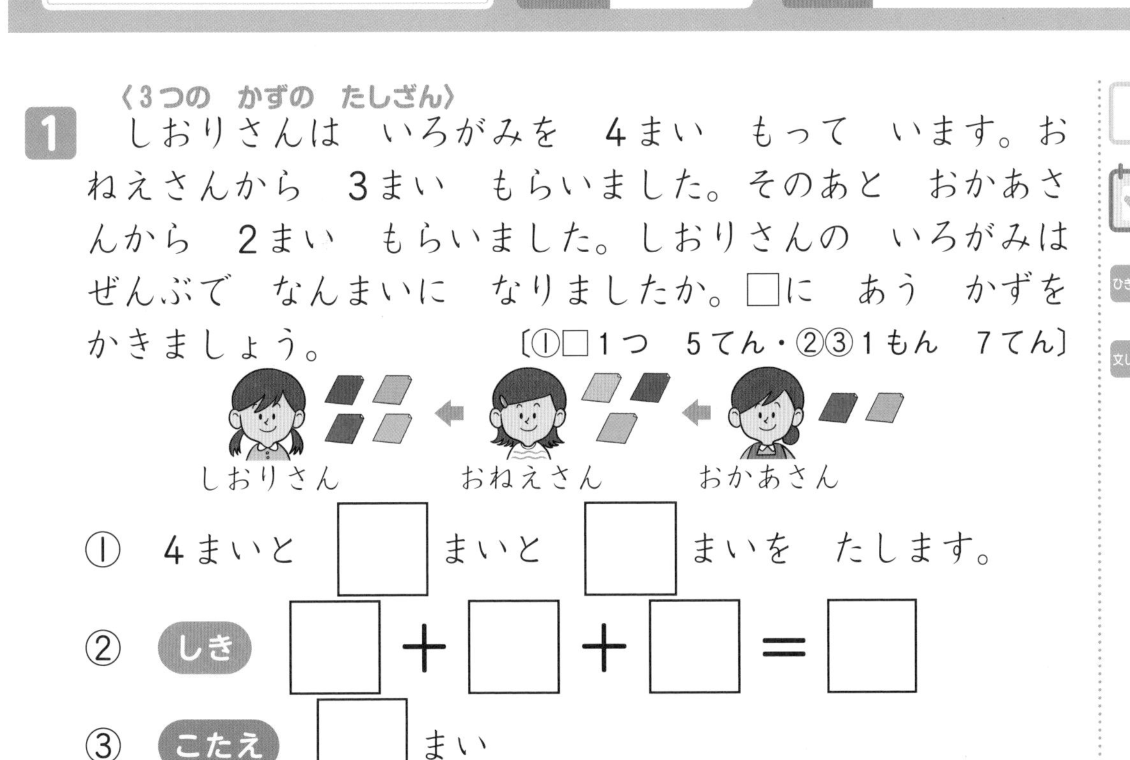

〈3つの　かずの　たしざん〉

1 しおりさんは　いろがみを　4まい　もって　います。おねえさんから　3まい　もらいました。そのあと　おかあさんから　2まい　もらいました。しおりさんの　いろがみは　ぜんぶで　なんまいに　なりましたか。□に　あう　かずを　かきましょう。
〔①□1つ　5てん・②③1もん　7てん〕

しおりさん　おねえさん　おかあさん

① 4まいと □ まいと □ まいを　たします。

② しき □ ＋ □ ＋ □ ＝ □

③ こたえ □ まい

／24てん

ぜんぶ できたら

ひきざん 81・82ページ

文しょうだい 53ページ～

〈3つの　かずの　ひきざん〉

2 みかんが　7こ　あります。おやつに　3こ　たべ，ゆうごはんの　あとに　1こ　たべました。みかんは　なんこ　のこって　いますか。□に　あう　かずを　かきましょう。
〔①□1つ　5てん・②③1もん　7てん〕

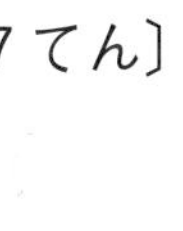

つぎに たべた　はじめに たべた

① 7こから　はじめに　たべた □ こを　ひき，つぎに　たべた □ こを　ひきます。

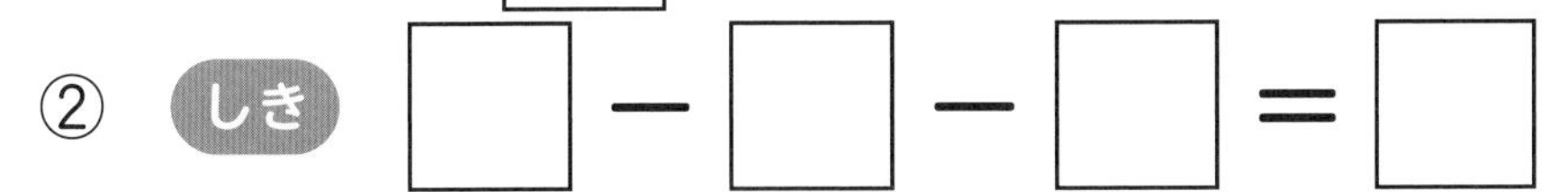

② しき □ － □ － □ ＝ □

③ こたえ □ こ

〈3つの　かずの　たしざんと　ひきざん〉

3　はとが　5わ　います。3わ　とんで　いって，そのあと　4わ　とんで　きました。はとは　なんわに　なりましたか。□に　あう　かずを　かきましょう。

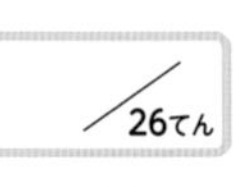

〔①□1つ　5てん・②③1もん　8てん〕

はじめに　とんで　いった　　　つぎに　とんで　きた

①　はじめの　5わから，とんで　いった　□　わを　ひいて，とんで　きた　□　わを　たします。

②　**しき**　□ − □ ＋ □ ＝ □

③　**こたえ**　□　わ

〈3つの　かずの　たしざんと　ひきざん〉

4　こどもが　6にん　あそんで　いました。そこへ　3にん　やって　きました。そのあと　4にん　かえりました。こどもは　なんにんに　なりましたか。□に　あう　かずを　かきましょう。

26てん

ぜんぶ できたら

ひきざん 81・82 ページ

文しょうだい 53 ページ～

〔①□1つ　5てん・②③1もん　8てん〕

つぎに　かえった　　　はじめに　やって　きた

①　6にんに　やって　きた　□　にんを　たして，かえった　□　にんを　ひきます。

②　**しき**　□ ＋ □ − □ ＝ □

③　**こたえ**　□　にん

29 かんせいテスト

かんせい 目ひょうじかん 20ぷん

たしざんと　ひきざん

●ふくしゅうの めやす
き本テスト・かんれんドリルなどで しっかり ふくしゅうしよう！
0てん　80てん　100てん

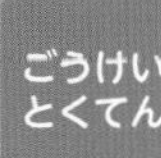

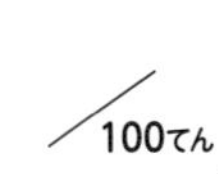

かんれん ドリル

●ひきざん　P.81〜84
●文しょうだい　P.53〜56

1　けいさんを　しましょう。　〔1もん　5てん〕

① 2＋4＋2　　② 5＋3＋2

③ 3＋7＋4　　④ 2＋8＋6

⑤ 6－3－1　　⑥ 10－2－4

⑦ 12－2－7　　⑧ 16－6－4

⑨ 2＋8－6　　⑩ 10＋7－3

⑪ 14＋3－5　　⑫ 15＋2－4

⑬ 10－8＋6　　⑭ 16－6＋5

2 こどもが　7にん　あそんで　いました。そこへ　3にん きました。また　4にん　きました。

こどもは，ぜんぶで　なんにんに　なりましたか。（1つの しきに　かきましょう。）

〔10てん〕

しき

3 すずめが　6わ　います。そこへ　4わ　とんで　きました。そのあと　3わ　とんで　いきました。

すずめは，ぜんぶで　なんわに　なりましたか。（1つの しきに　かきましょう。）

〔10てん〕

しき

4 かきが　10こ　ありました。そのうち　4こ　たべました。あとで　となりから　6こ　もらいました。

かきは，ぜんぶで　なんこ　ありますか。（1つの　しきに かきましょう。）

〔10てん〕

しき

おおきな かずの たしざんと ひきざん

き本の もんだいの チェックだよ。
できなかった もんだいは，しっかり 学しゅう してから かんせいテストを やろう！

ごうけい とくてん ／100てん

かんれん ドリル
●たしざん P.91・92
●ひきざん P.73・74
●文しょうだい P.57

〈なん十の たしざん〉

1 30＋20は いくつですか。□に あう かずを かきましょう。 〔□1つ 5てん〕

① 30は 10が □こ，20は 10が □この ことです。ぜんぶで 10が □こに なります。

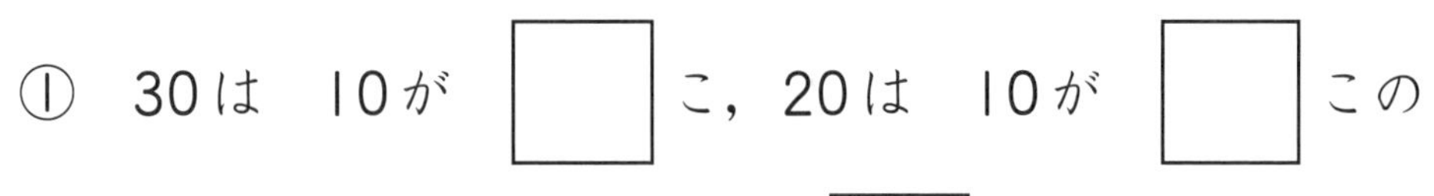

② 10が 5こで □です。

③ 30＋20＝□

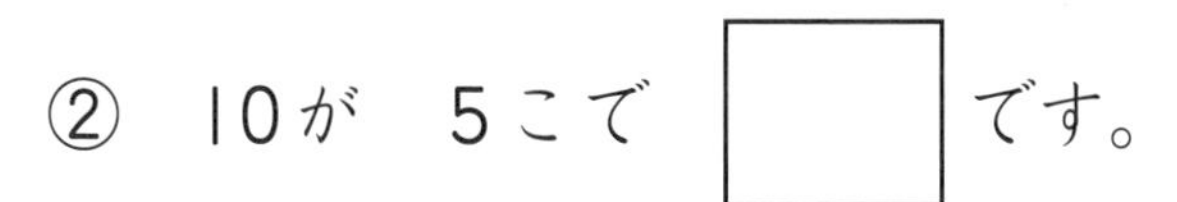

〈たしざんの もんだい〉

2 いろがみを こうたさんは 20まい，おねえさんは 40まい もって います。あわせると なんまいですか。 〔25てん〕

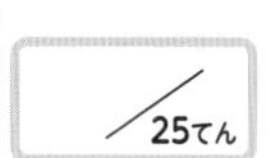

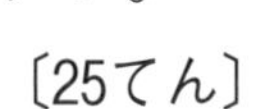

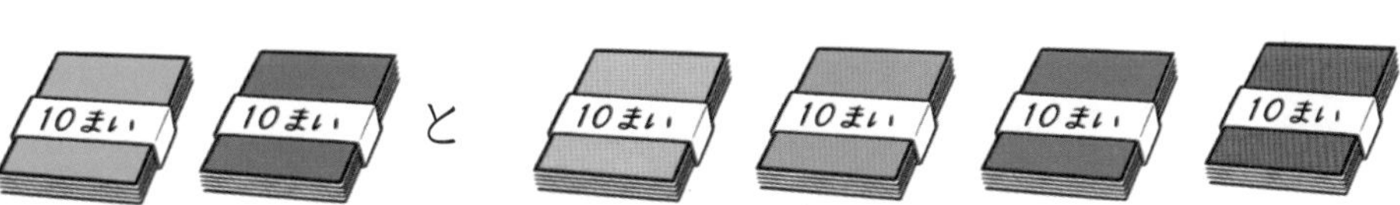

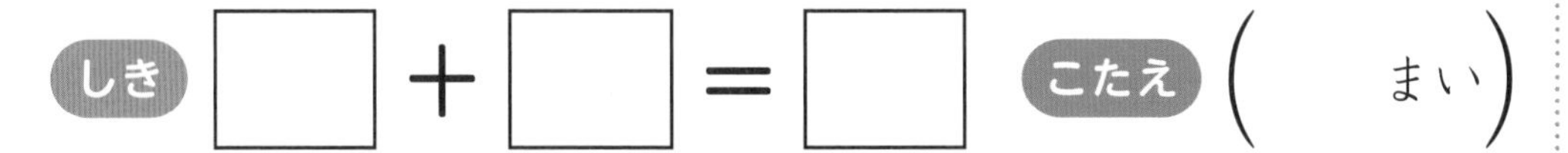

〈なん十の　ひきざん〉

3 50－20は　いくつですか。□に　あう　かずを　かきましょう。〔□1つ　5てん〕

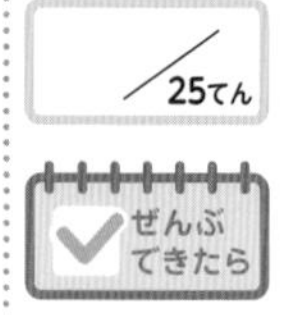

ひきざん 73・74ページ

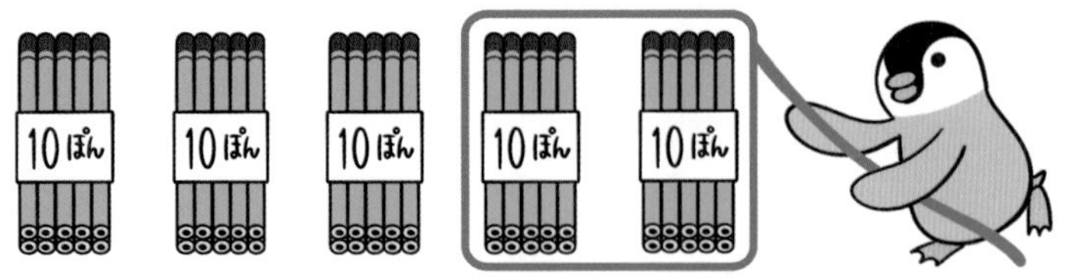

① 50は　10が □ こ，20は　10が □ こ の ことです。

50から　20を　ひいた　かずは，10が □ こです。

② 10が　3こで □ です。

③ 50－20＝□

〈ひきざんの　もんだい〉

4 つみきが　60こ　あります。40こを　はこに　しまいました。のこりは　なんこですか。〔25てん〕

25てん

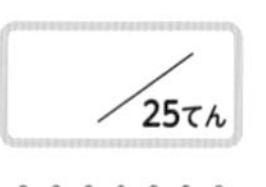

しき □ － □ ＝ □　こたえ（　　こ）

かんせい
目ひょうじかん 15ふん

おおきな かずの たしざんと ひきざん

き本の もんだいの チェックだよ。
できなかった もんだいは，しっかり 学しゅう
してから かんせいテストを やろう！

ごうけい とくてん　／100てん

かんれん ドリル
●たしざん P.87〜90
●ひきざん P.71・72
●文しょうだい P.58

〈なん十 たす 1けたの たしざん〉

1 おはじきを 40こ もって います。3こ もらうと なんこに なりますか。〔25てん〕

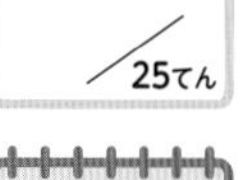

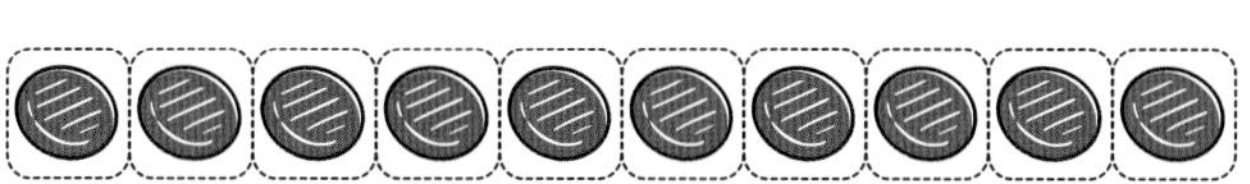

文しょうだい 58ページ

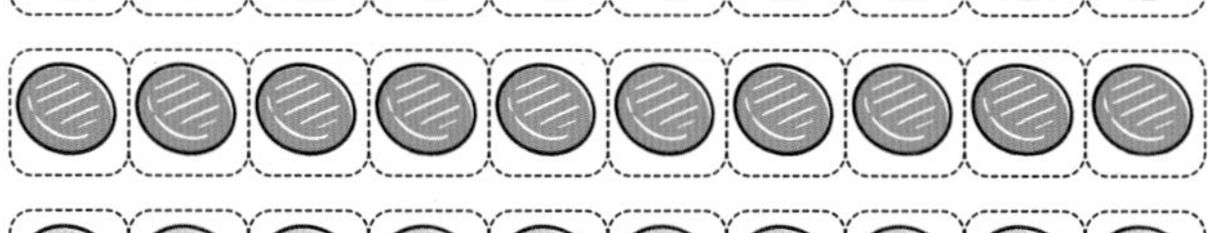

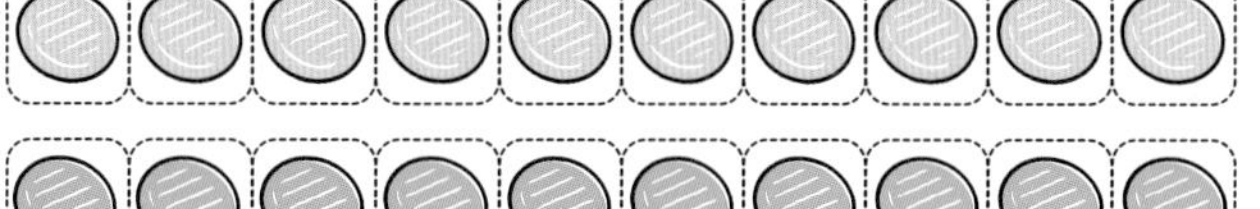

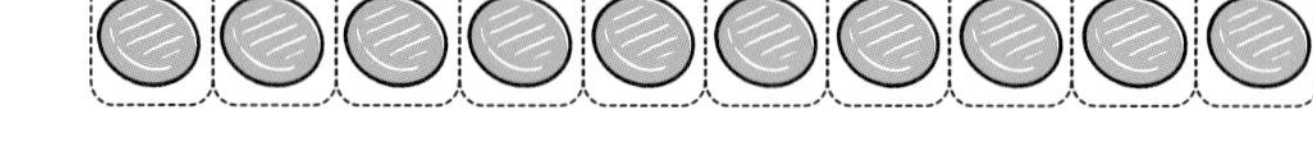

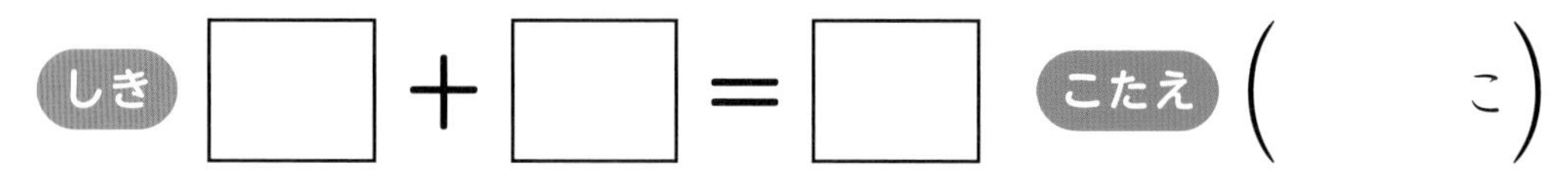

〈2けた たす 1けたの たしざん〉

2 だいちさんは つみきを 23こ もって います。おとうとは 4こ もって います。ぜんぶで なんこ ありますか。〔25てん〕

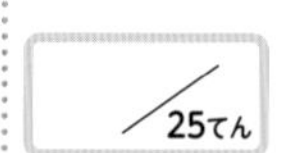

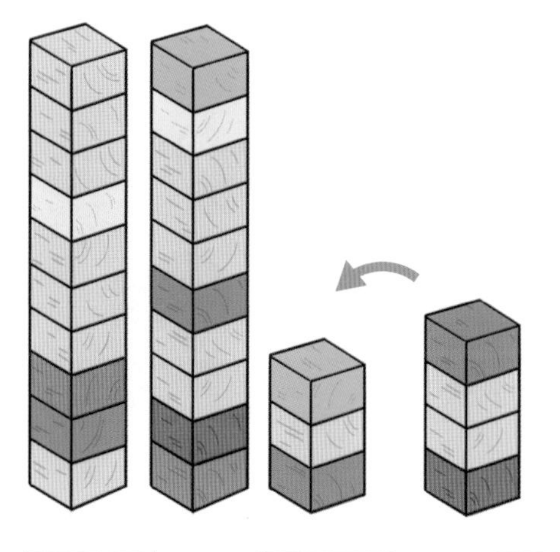

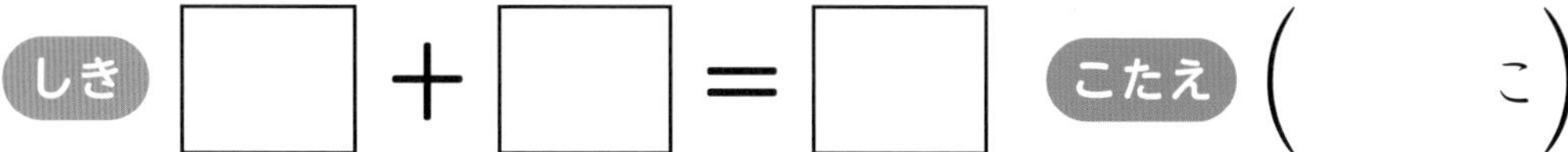

〈こたえが　なん十(じゅう)に　なる　ひきざん〉

3　えんぴつが　25ほん　あります。5ほんを　ともだちに　あげました。のこりは　なんぼんに　なりますか。〔25てん〕

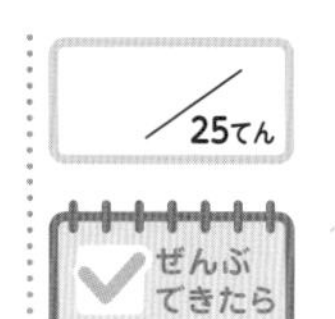

文しょうだい　58ページ

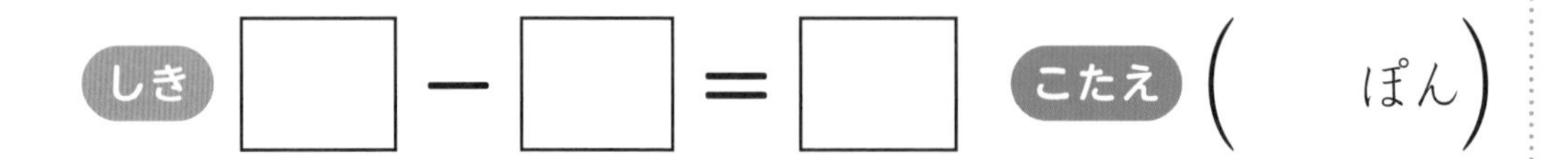

〈２けた　ひく　１けたの　ひきざん〉

4　いろがみが　35まい　あります。3まい　つかうと，のこりは　なんまいに　なりますか。〔25てん〕

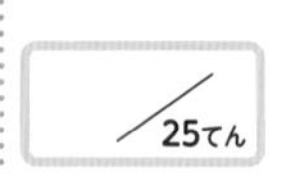

文しょうだい　58ページ

しき　□ － □ ＝ □　こたえ（　　　まい）

おおきな かずの たしざんと ひきざん

ふくしゅうの めやす
き本テスト・かんれんドリルなどで しっかり ふくしゅうしよう！
0てん 90てん 100てん ごうかく

ごうけい とくてん　/100てん

かんれん ドリル
●たしざん P.87～92
●ひきざん P.71～74
●文しょうだい P.57・58

1 けいさんを しましょう。〔1もん 5てん〕

① 50＋40　② 30＋30

③ 20＋80　④ 70－20

⑤ 90－30　⑥ 100－30

2 けいさんを しましょう。〔1もん 5てん〕

① 60＋8　② 52＋6

③ 82＋7　④ 58－8

⑤ 98－7　⑥ 46－2

3 どんぐりを なつきさんは 30こ，たくみさんは 50こ ひろいました。

ふたりが ひろった どんぐりは，あわせて なんこに なりますか。〔10てん〕

しき

こたえ（　　　）

4　バスに　おきゃくさんが　22にん　のって　います。6にん　のって　きました。

みんなで　なんにんに　なりましたか。　〔10てん〕

しき

こたえ（　　　　　）

5　ちゅうしゃじょうに　くるまが　50だい　とまって　いました。10だいが　でて　いきました。

ちゅうしゃじょうに　くるまは　なんだい　のこって　いますか。　〔10てん〕

しき

こたえ（　　　　　）

6　いろがみで　つると　ふねを，あわせて　26　おりました。そのうち，ふねは　4つです。

つるは　いくつ　おりましたか。　〔10てん〕

しき

こたえ（　　　　　）

33 き本テスト かんせい 目ひょうじかん 15ふん

ながさ

き本の もんだいの チェックだよ。
できなかった もんだいは，しっかり 学しゅう してから かんせいテストを やろう！

ごうけい とくてん 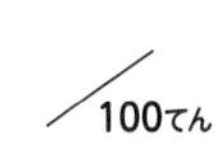 /100てん

かんれん ドリル ●すう・りょう・ずけい P.55～58

〈ながさの くらべかた〉

1 どちらが ながいでしょうか。ながい ほうの （ ）に ○を かきましょう。

〔1もん 10てん〕

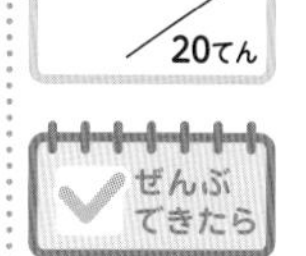

① 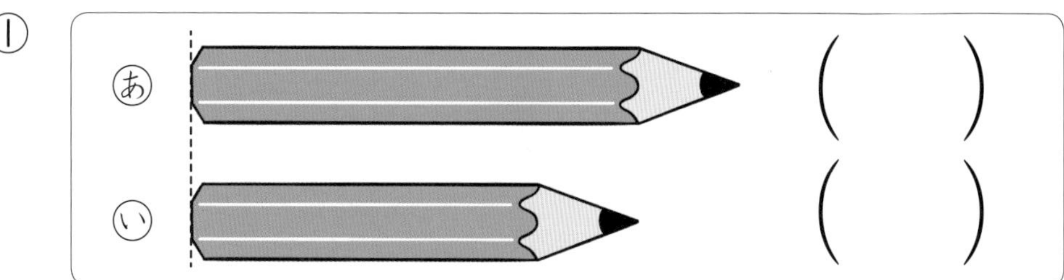

② 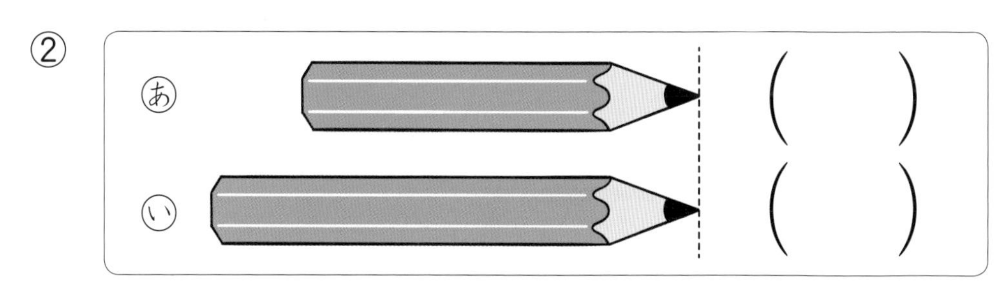

〈ながさの くらべかた〉

2 どちらが ながいでしょうか。ながい ほうの （ ）に ○を かきましょう。

〔1もん 10てん〕

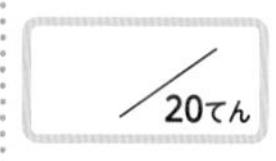

① ⓐ （ ） ⓘ （ ）

② 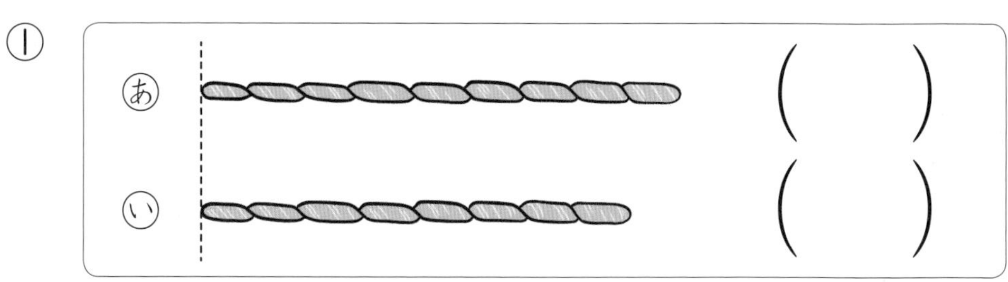

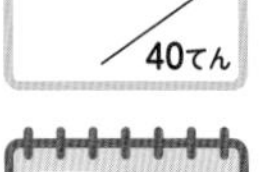

すう・りょう・ずけい 57ページ〜

〈ながさの　くらべかた〉

3　テープ（てえぷ）を　つかって　たてと　よこの　ながさを　くらべます。たてと　よこは　どちらが　ながいでしょうか。

(　)に　ことばを　かきましょう。〔1もん　20てん〕

①

(　　　　)

②

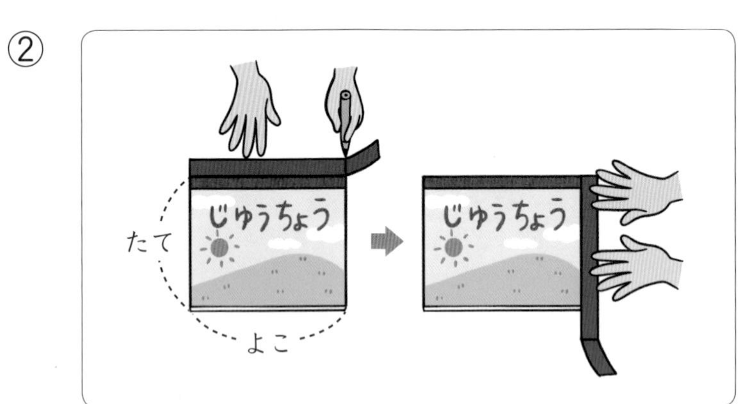

(　　　　)

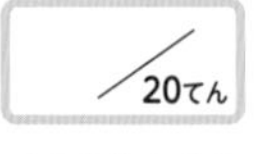

〈ながさの　くらべかた〉

4　どちらが　ながいでしょうか。ながい　ほうの　(　)に　○を　かきましょう。〔20てん〕

Ⓐ 　(　　)

Ⓘ 　(　　)

ながさ

1 テープの　ながさくらべを　して　います。
㋐，㋑，㋒，㋓で　こたえましょう。　〔1もん　10てん〕

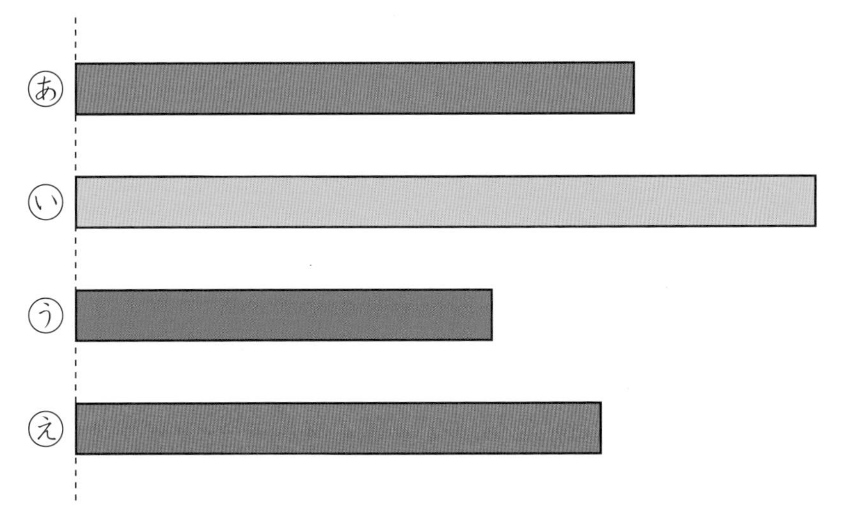

① いちばん　ながい　テープは　どれですか。　(　　　)

② いちばん　みじかい　テープは　どれですか。　(　　　)

③ 3ばんめに　ながい　テープは　どれですか。　(　　　)

2 したの　ほんの　たてと　よこは，どちらが　みじかいでしょうか。　〔10てん〕

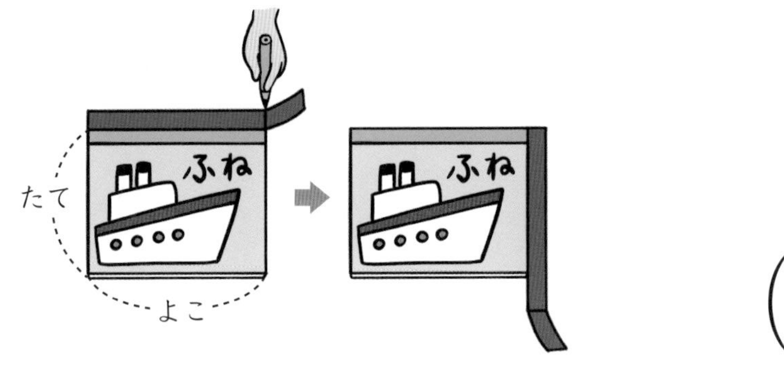

(　　　)

3 はがきを　つかって，いたの　たてと　よこの　ながさを　くらべます。たてと　よこは　どちらが　ながいでしょうか。〔10てん〕

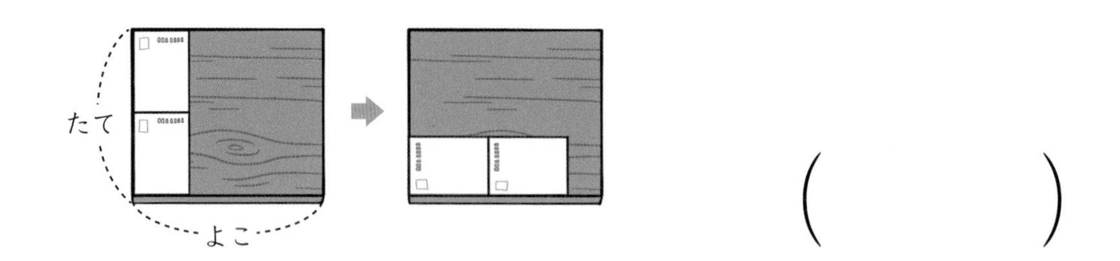

（　　　　）

4 めもりの　ある　テープの　ながさを　くらべます。〔1もん　10てん〕

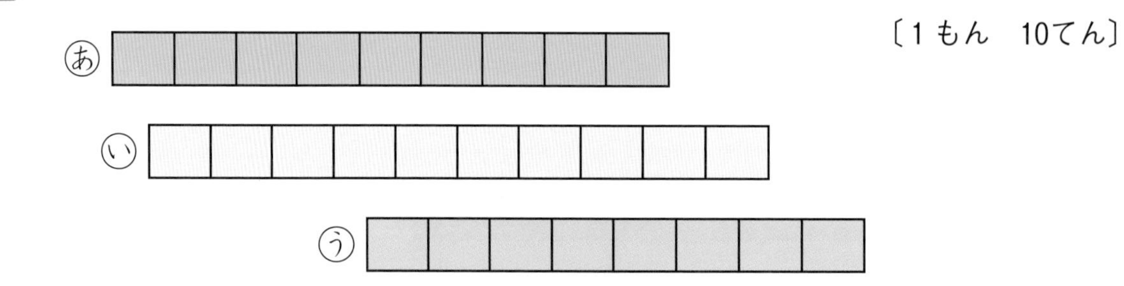

① いちばん　ながい　テープは，あ，い，うの　どれですか。（　　　　）

② いちばん　みじかい　テープは，あ，い，うの　どれですか。（　　　　）

③ うの　テープの　ながさは　めもり　いくつぶんですか。（　　　　）

5 したの　あと　いの　テープの　どちらが　めもり　いくつぶん　ながいでしょうか。〔（　）1つ　10てん〕

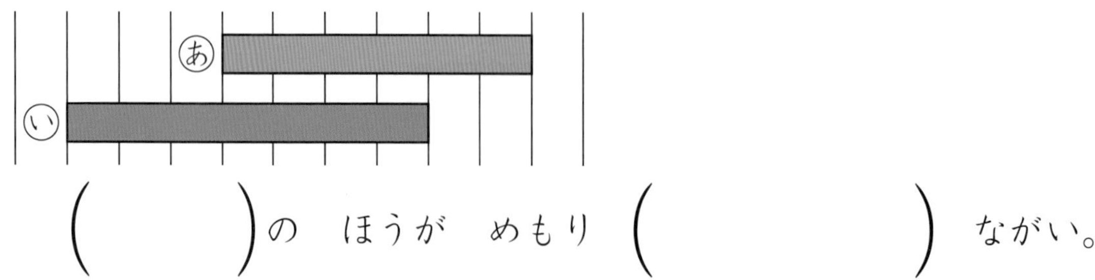

（　　　　）の　ほうが　めもり（　　　　）ながい。

かさ(たいせき)

き本の もんだいの チェックだよ。
できなかった もんだいは，しっかり 学しゅう
してから かんせいテストを やろう！

ごうけい とくてん　　／100てん

かんれん ドリル　●すう・りょう・ずけい　P.59・60

〈かさの　くらべかた〉

1　みずは，㋐と　㋑の　いれものの　どちらに　おおく
はいって　いますか。おおい　ほうの　(　)に　○を
かきましょう。　　〔1もん　15てん〕

／30てん

すう・りょう・ずけい 59ページ

① ㋐　㋑　　② ㋐　㋑

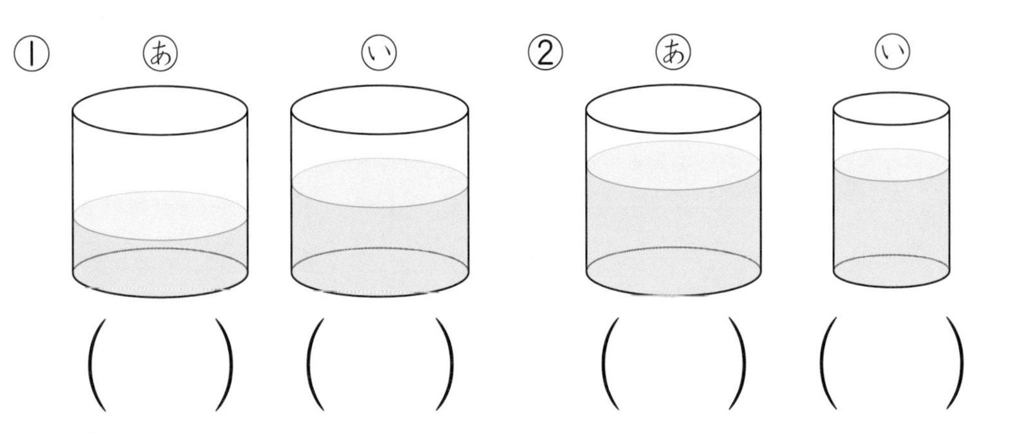

(　　)　(　　)　　(　　)　(　　)

〈かさの　くらべかた〉

2　㋐と　㋑の　びんでは，どちらが　おおく　はいりますか。
おおく　はいる　ほうの　(　)に　○を　かきましょう。
〔1もん　15てん〕

／30てん

すう・りょう・ずけい 60ページ

①

㋐(　　)

㋑(　　)

②

㋐(　　)

㋑(　　)

〈かさの　くらべかた〉

3　したの　えを　みて　こたえましょう。　〔1もん　10てん〕

① あの　びんには，みずが　コップ（こっぷ）　なんばいぶん　はいりますか。

(　　　　　)

② いの　びんには，みずが　コップ　なんばいぶん　はいりますか。

(　　　　　)

③ あの　びんと　いの　びんでは，どちらが　おおく　はいりますか。

(　　)

〈かさの　くらべかた〉

4　あと　いの　すいとうの　なかの　みずを，ぜんぶ　コップに　いれました。みずは　どちらの　すいとうに　おおく　はいって　いましたか。おおく　はいって　いた　ほうに，○を　かきましょう。　〔10てん〕

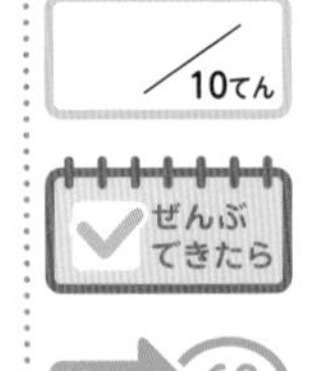

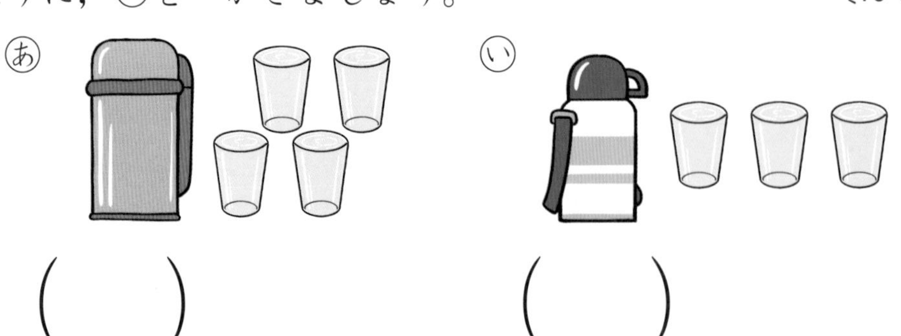

(　　)　　　(　　)

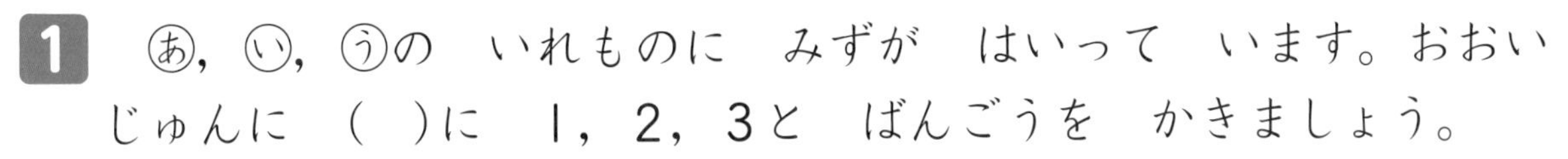

1 ㋐，㋑，㋒の いれものに みずが はいって います。おおい じゅんに （ ）に 1，2，3と ばんごうを かきましょう。

〔1もん 15てん〕

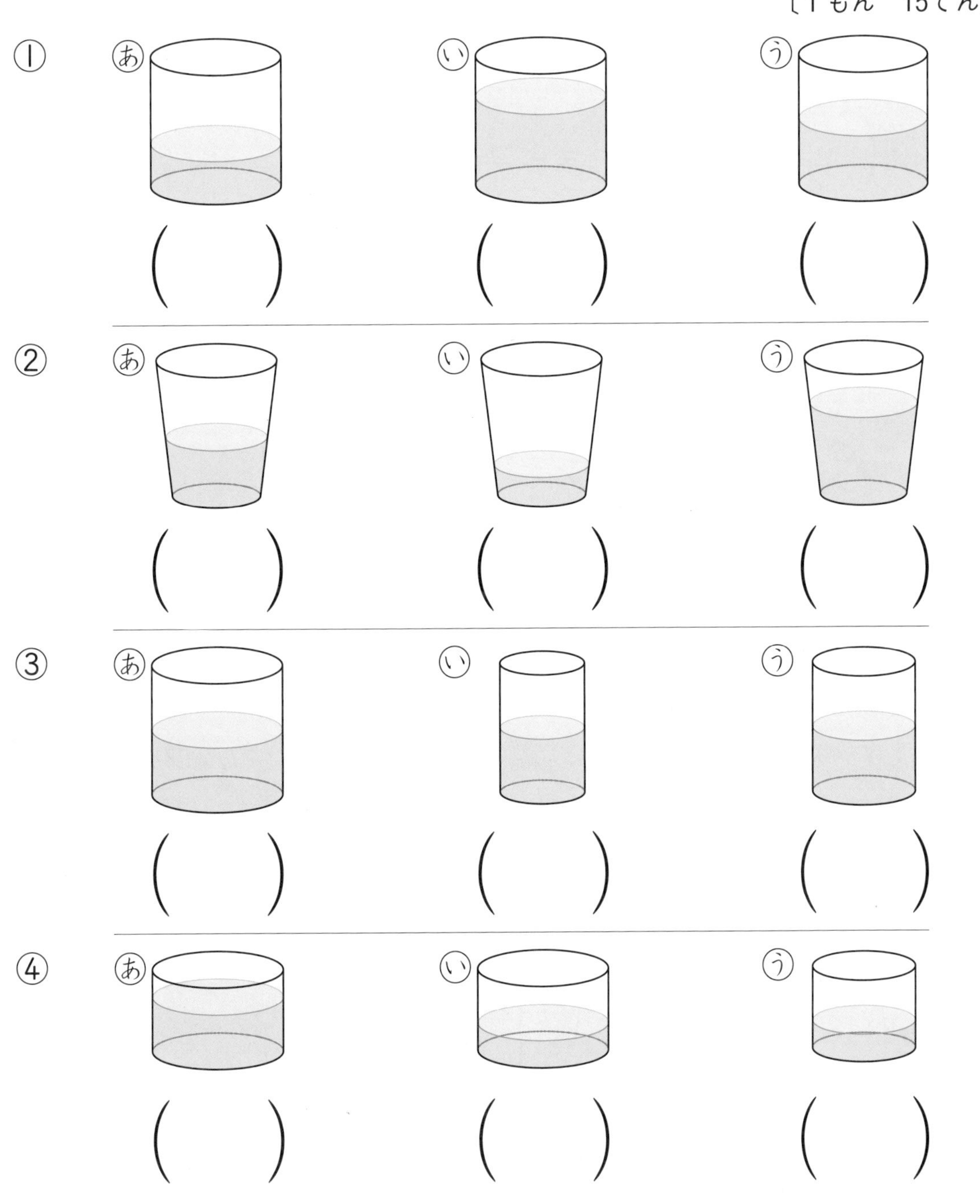

2 したの　ふたつの　いれものに　コップ(こっぷ)の　ぶんだけ　みずが　はいって　いました。どちらの　いれものの　ほうに，どれだけ　おおく　はいって　いましたか。〔(　)1つ　5てん〕

①

(　　　)の　ほうが　コップで　(　　　)はいぶん　おおい。

②

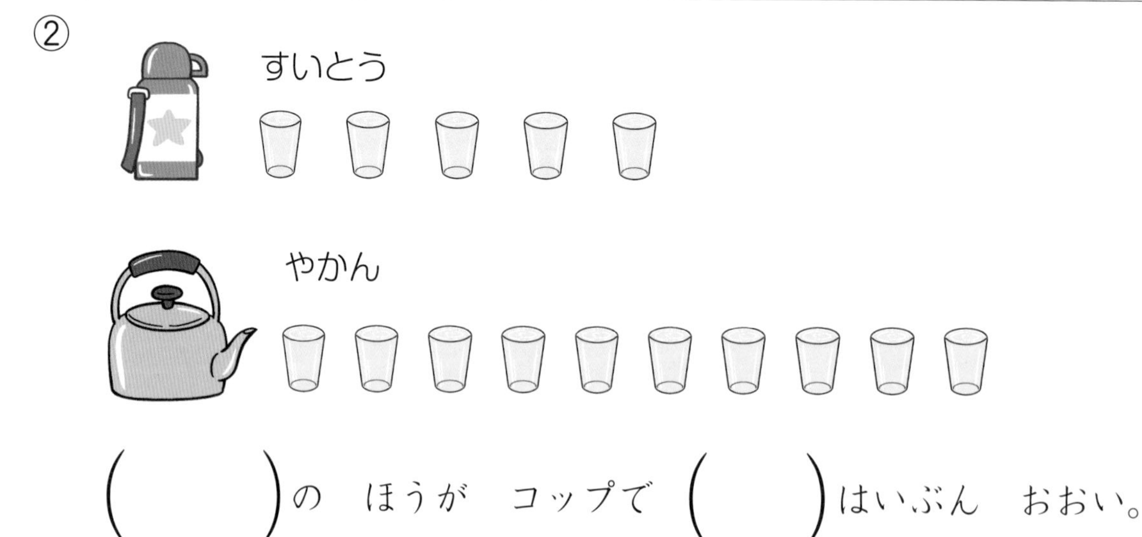

(　　　)の　ほうが　コップで　(　　　)はいぶん　おおい。

3 したのように，びんと　なべと　やかんに　コップの　ぶんだけ　みずが　はいって　いました。みずが　いちばん　おおく　はいって　いたのは　どれですか。〔20てん〕

(　　　)

ひろさ(めんせき)

き本の もんだいの チェックだよ。できなかった もんだいは，しっかり 学しゅうしてから かんせいテストを やろう！

ごうけい とくてん ／100てん

かんれん ドリル ●すう・りょう・ずけい P.61・62

1 〈ひろさの くらべかた〉 2まいの かみを かさねて，ひろさを くらべて います。いちばん よい くらべかたに ○を かきましょう。〔20てん〕

／20てん

すう・りょう・ずけい 61ページ

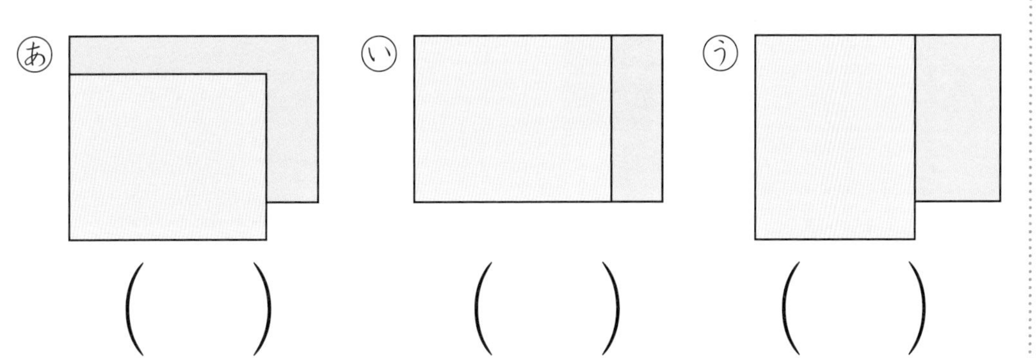

（　　）（　　）（　　）

2 〈ひろさの くらべかた〉 あと いでは，どちらが ひろいでしょうか。〔1もん 10てん〕

／20てん

すう・りょう・ずけい 61ページ

① あ　い　かさねる → あ い

（　　）

② あ　い　かさねる → あ い

（　　）

3 〈ひろさの　くらべかた〉

みぎの　かたちを　みて　こたえましょう。〔1もん　10てん〕

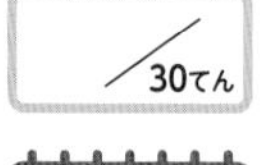

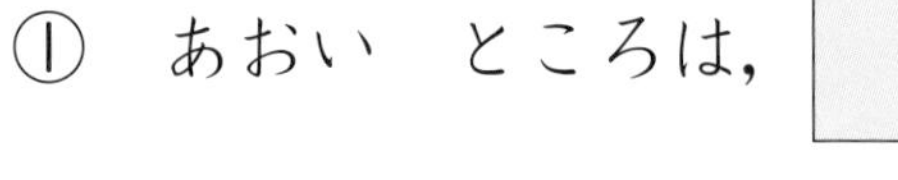

① あおい　ところは，□が　なんこぶんの　ひろさですか。

（　　　　　）

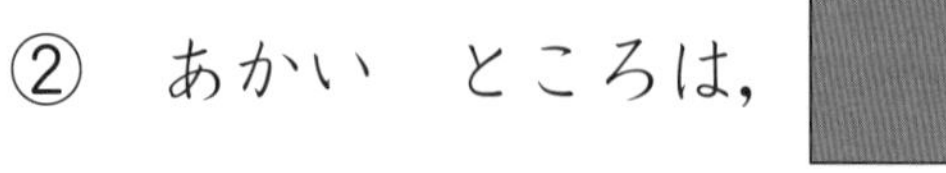

② あかい　ところは，■が　なんこぶんの　ひろさですか。

（　　　　　）

③ あおと　あかでは，どちらが　ひろいでしょうか。

（　　　　　）

4 〈ひろさの　くらべかた〉

したの　えの　あおと　あかでは，どちらが　ひろいでしょうか。

〔1もん　15てん〕

① あお　あか

（　　　　　）

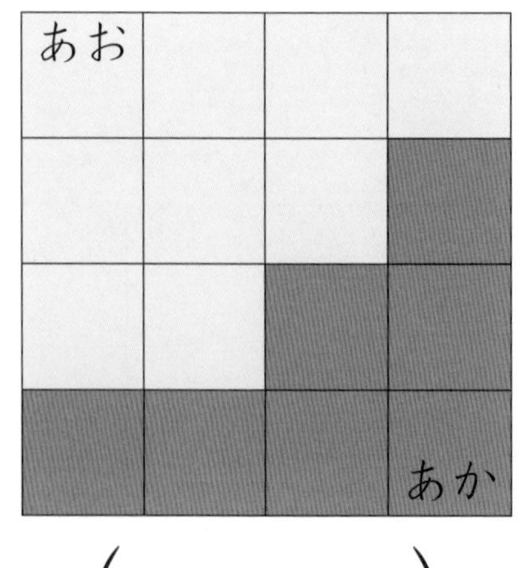

②

（　　　　　）

ひろさ(めんせき)

●ふくしゅうの めやす
き本テスト・かんれんドリルなどで しっかり ふくしゅうしよう！
ごうかく
0てん 90てん 100てん

ごうけい とくてん
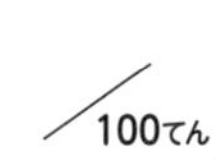
100てん

かんれん ドリル
●すう・りょう・ずけい P.61・62

1 ㋐と ㋑では，どちらが ひろいでしょうか。 〔1もん 10てん〕

① ㋐
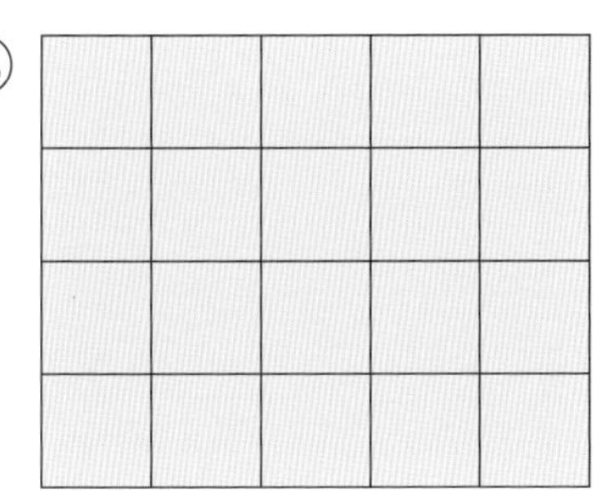
㋑
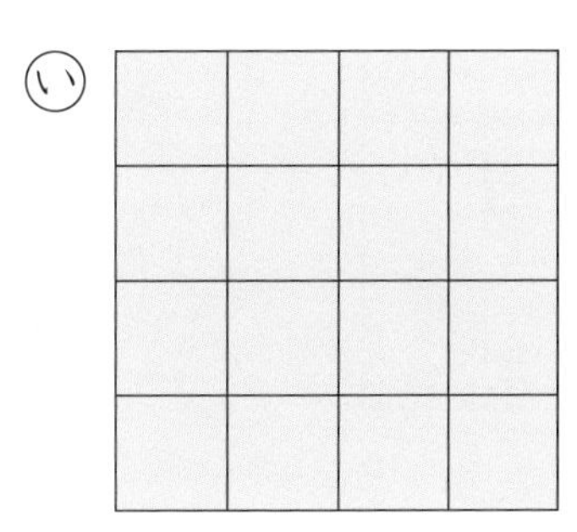
(　　　)

② ㋐
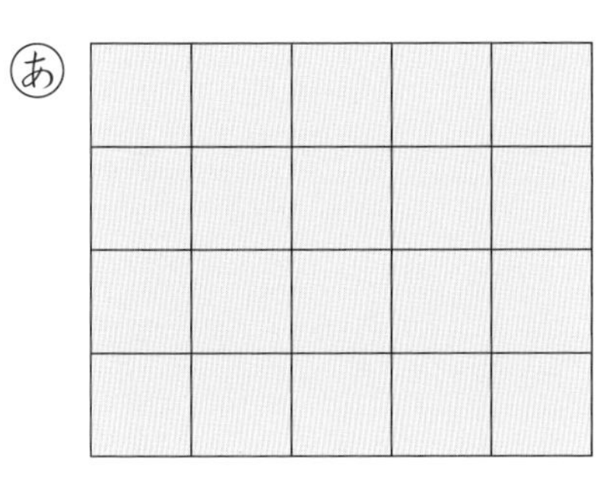
㋑
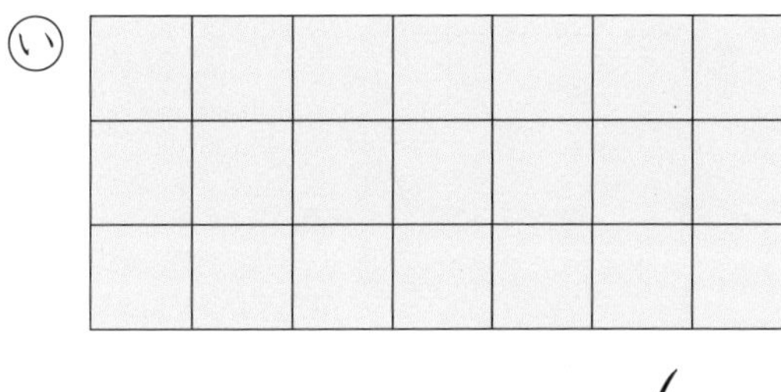
(　　　)

③ ㋐

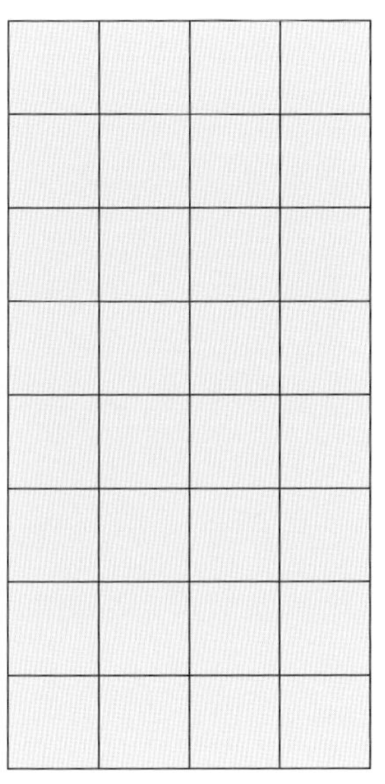
㋑

(　　　)

2 したの ［ ］の なかの あおい ところ(□)と おなじ ひろさの ものには ○を，そうで ない ものには ×を，( )に かきましょう。 〔1もん 10てん〕

① 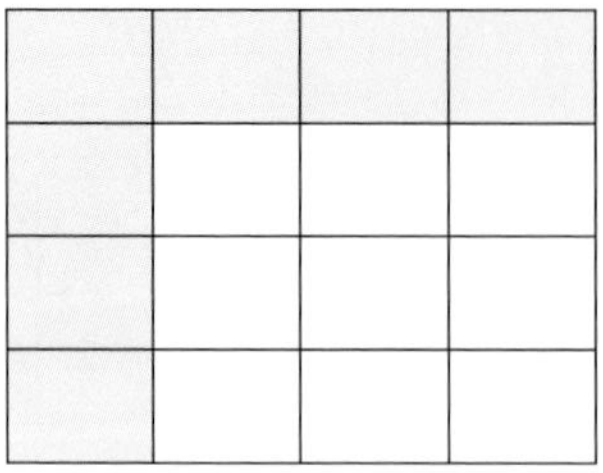 (　　)　② (　　)

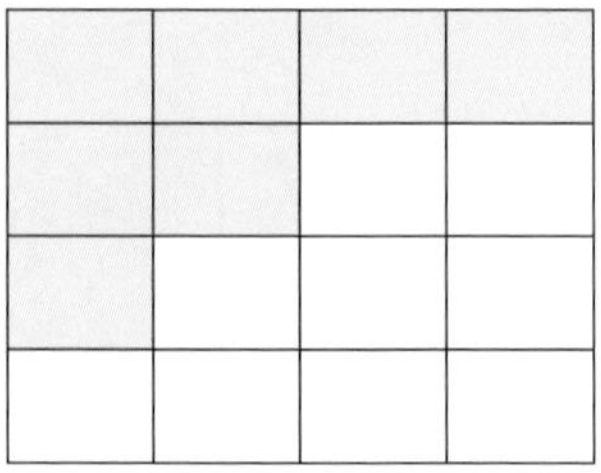

③ (　　)　④ (　　)　⑤ (　　)

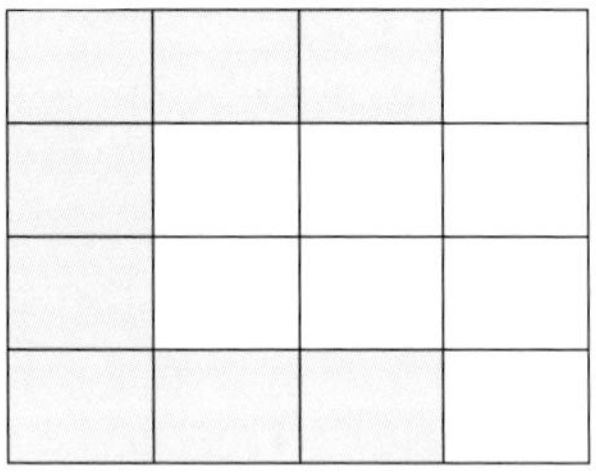

3 あかい ところ(■)は，しろい ところ(□)より ■が いくつぶん ひろいでしょうか。 〔20てん〕

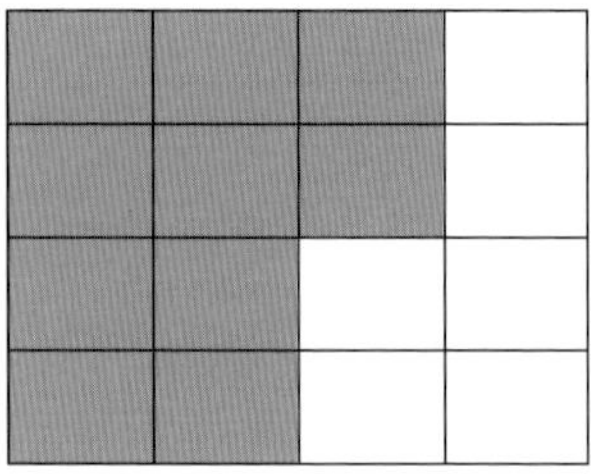

(　　　　)

かんせい
目ひょうじかん 20ぷん

とけい

き本の もんだいの チェックだよ。
できなかった もんだいは，しっかり 学しゅう
してから かんせいテストを やろう！

ごうけい とくてん　　／100てん

かんれん ドリル　●すう・りょう・ずけい P.63〜78

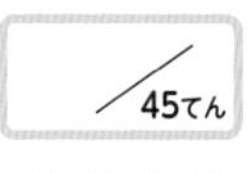

〈とけいの　よみかた〉

1 とけいを　よみましょう。　〔1もん　5てん〕

① 
(　　　　)

② 
(　　　　)

③ 
(　　　　)

④ 
(　　　　)

⑤
(　　　　)

⑥ 
(　　　　)

⑦
(　　　　)

⑧ 
(　　　　)

⑨ 
(　　　　)

〈とけいの　よみかた〉

2 なんじなんぷんですか。

〔1もん　5てん〕

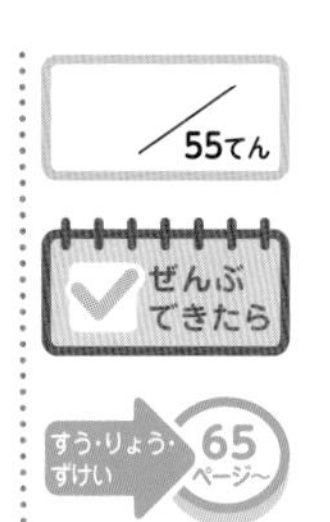

① 

（　　　　　）

② 

（　　　　　）

③ 

（　　　　　）

④ 

（　　　　　）

⑤ 

（　　　　　）

⑥ 

（　　　　　）

⑦ 

（　　　　　）

⑧ 

（　　　　　）

⑨ 

（　　　　　）

⑩ 

（　　　　　）

⑪ 

（　　　　　）

40 かんせいテスト

かんせい 目ひょうじかん 20ぷん

とけい

1 とけいを よみましょう。 〔1もん 5てん〕

①

（　　　　）

②

（　　　　）

③

（　　　　）

④

（　　　　）

⑤

（　　　　）

⑥

（　　　　）

⑦

（　　　　）

⑧

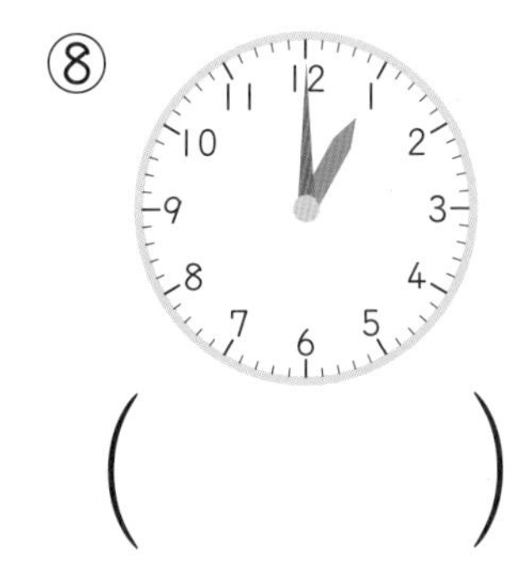

（　　　　）

⑨

（　　　　）

⑩

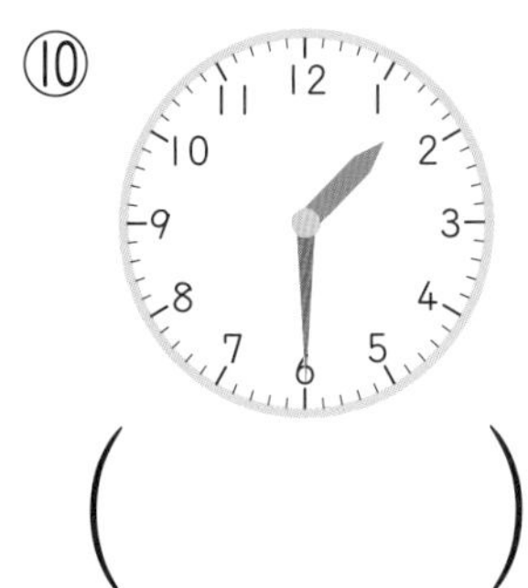

（　　　　）

⑪

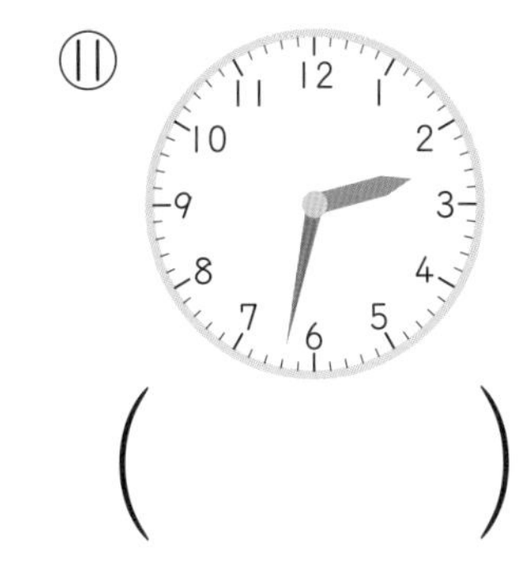

（　　　　）

⑫

（　　　　）

2 ながい　はりを　▲で　かきいれましょう。　〔1もん　5てん〕

① 4じ

② 8じはん

③ 3じはん

④ 3じ25ふん

⑤ 1じ48ふん

3 したの　とけいは，りくさんが　あさ　おきてから　がっこうに　でかけるまでに，3かい　みた　とけいです。みた　じゅんに　1，2，3と　（　）に　ばんごうを　かきましょう。

〔ぜんぶ　できて　15てん〕

㋐

（　　）

㋑

（　　）

㋒

（　　）

いろいろな　かたち

き本の もんだいの チェックだよ。
できなかった もんだいは，しっかり 学しゅう
してから かんせいテストを やろう！

ごうけい とくてん　／100てん

かんれん ドリル　●すう・りょう・ずけい　P.79～84

〈かたちの　みわけかた〉

1　うえ（あ～え）と　した（か～け）の　かたちで，にて　いる　かたちを　せんで　むすびましょう。〔1くみ　できて　5てん〕

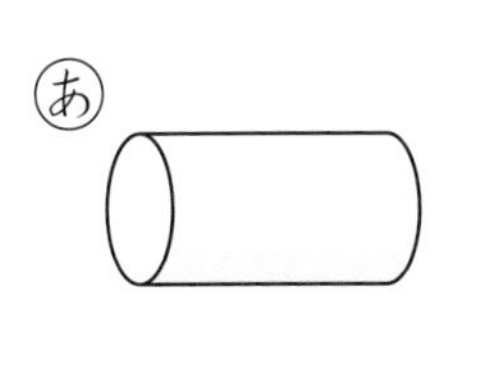

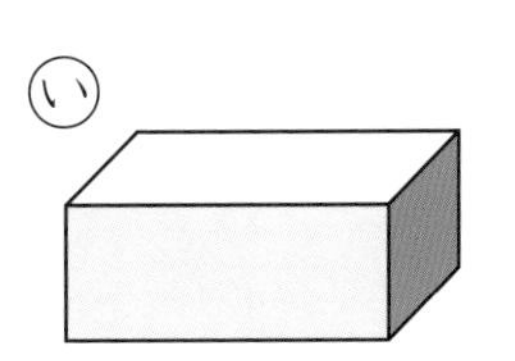

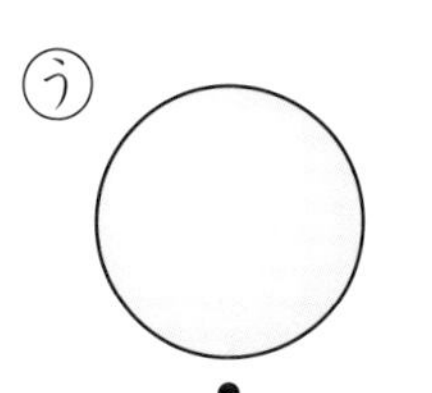

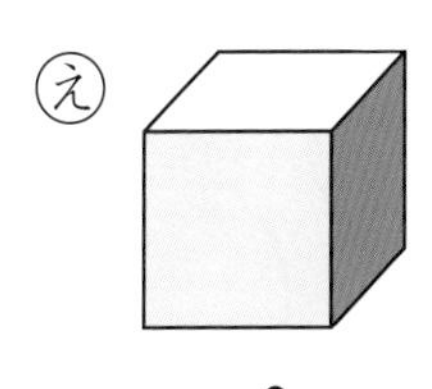

〈うつして　できる　かたち〉

2　あ～えの　つみきを　うつしとって　できる　かたちを，したの　か～けから　さがして，せんで　むすびましょう。

〔1くみ　できて　5てん〕

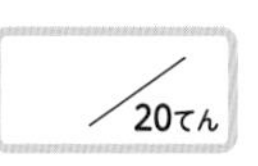

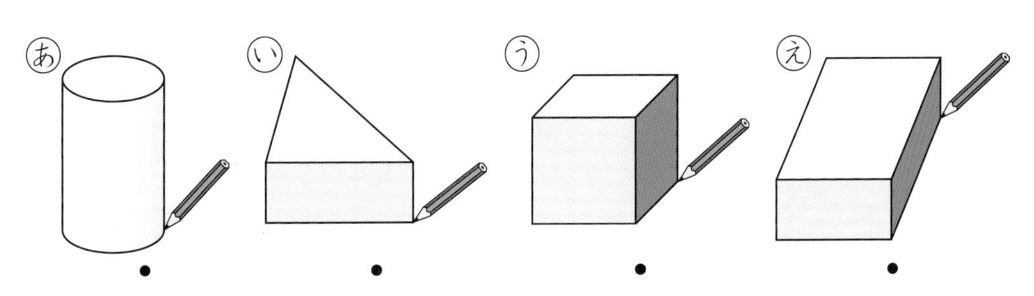

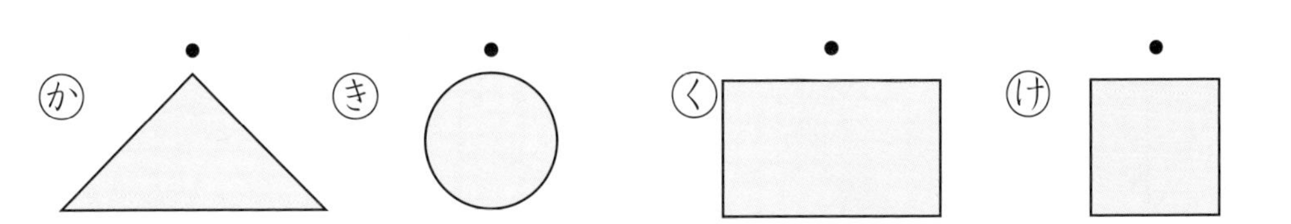

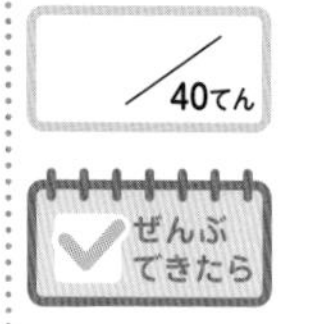

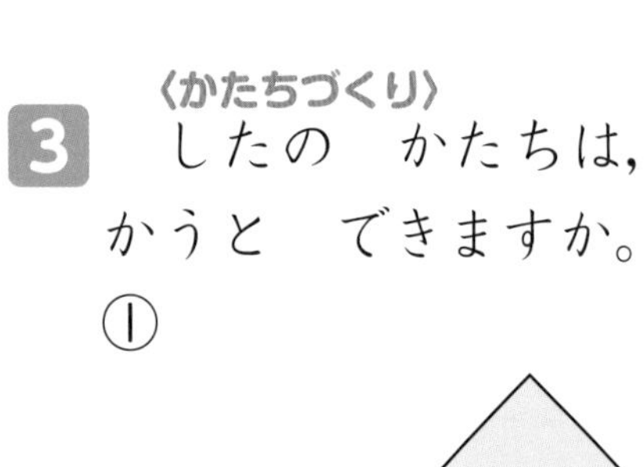
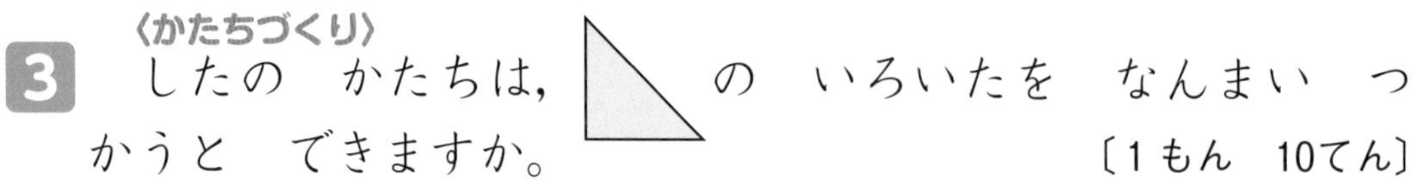

〈かたちづくり〉

3 したの　かたちは，　の　いろいたを　なんまい　つかうと　できますか。

〔1もん　10てん〕

①

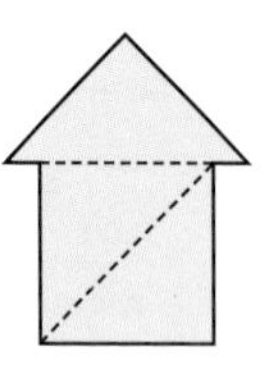

（　　　　　）

②

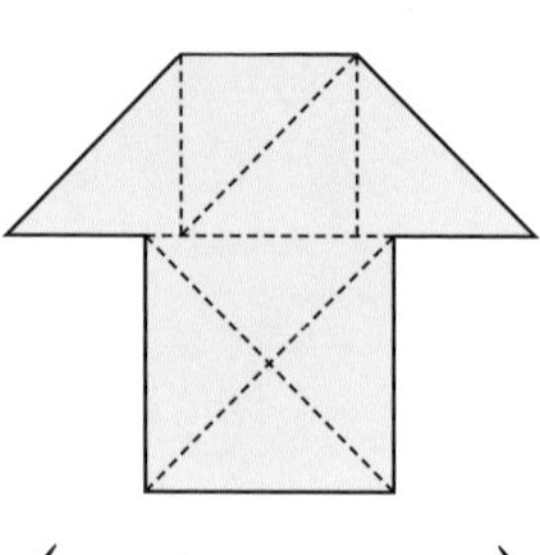

（　　　　　）

③

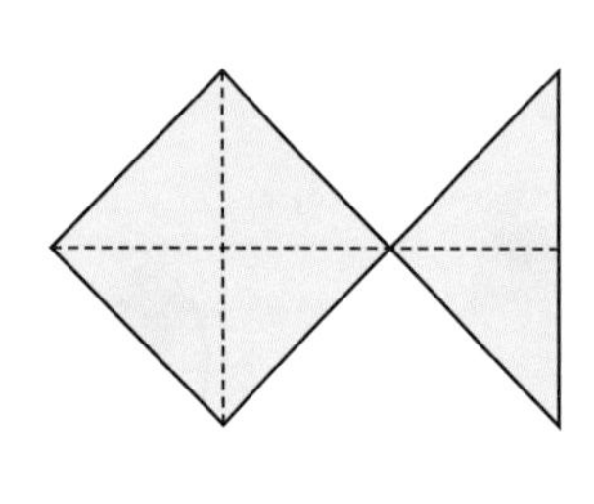

（　　　　　）

④

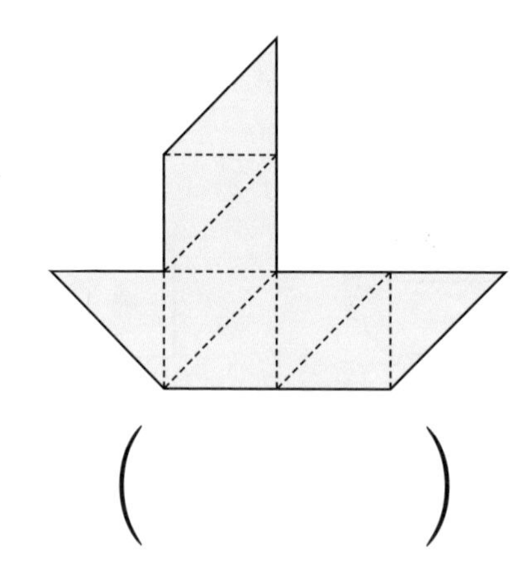

（　　　　　）

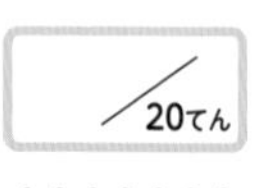

〈かたちづくり〉

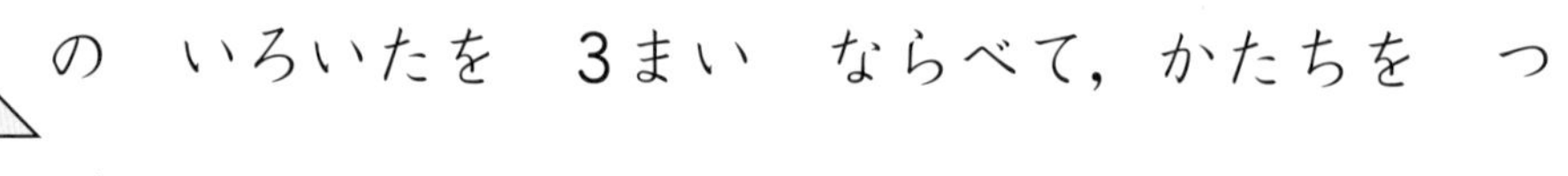
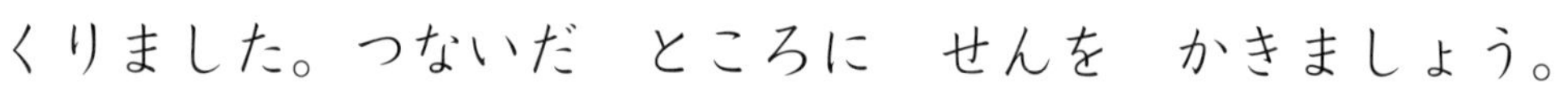

4 　の　いろいたを　3まい　ならべて，かたちを　つくりました。つないだ　ところに　せんを　かきましょう。

〔1もん　5てん〕

①

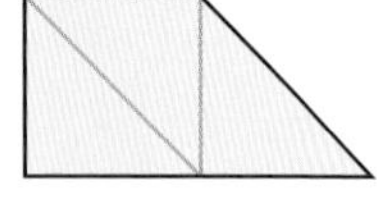

②

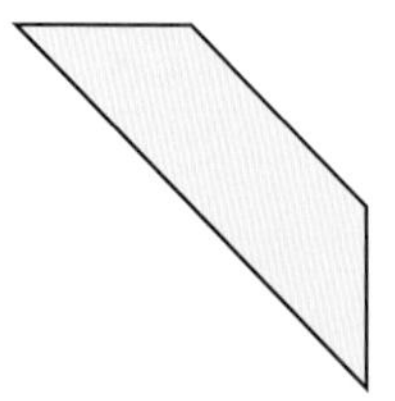

③

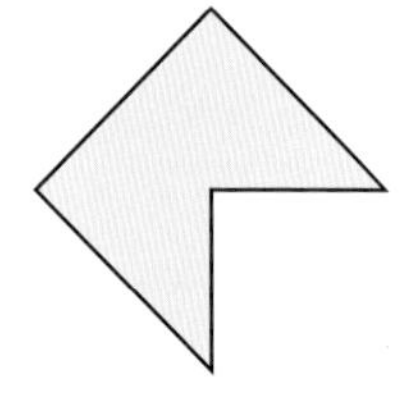

④

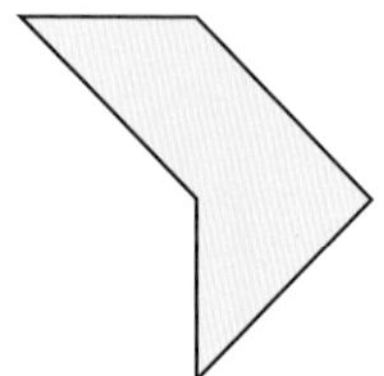

いろいろな　かたち

1　つぎの　①から　⑥の　かたちは，したの　㋐，㋑，㋒の　どの　かたちと　おなじ　なかまですか。（　）に　㋐，㋑，㋒の　どれか　を　かきましょう。　〔1もん　5てん〕

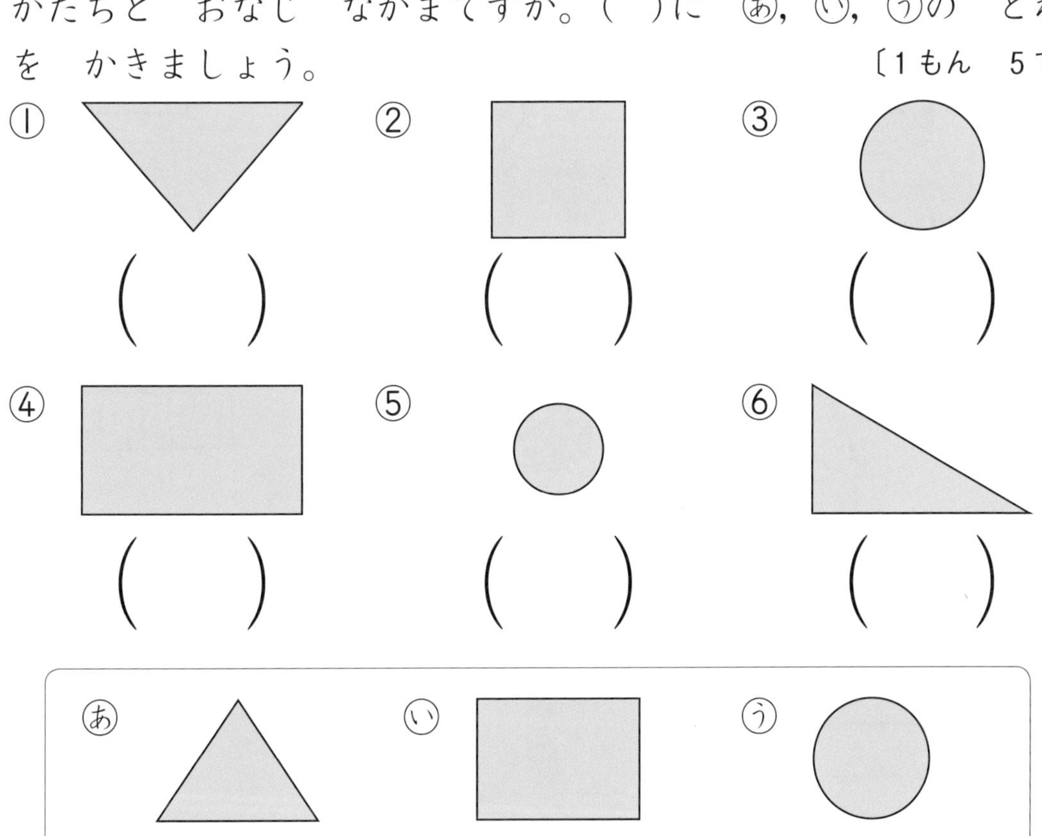

2　したの　かたちを　つくるには，━━が　なんぼん　いりますか。　〔1もん　10てん〕

①

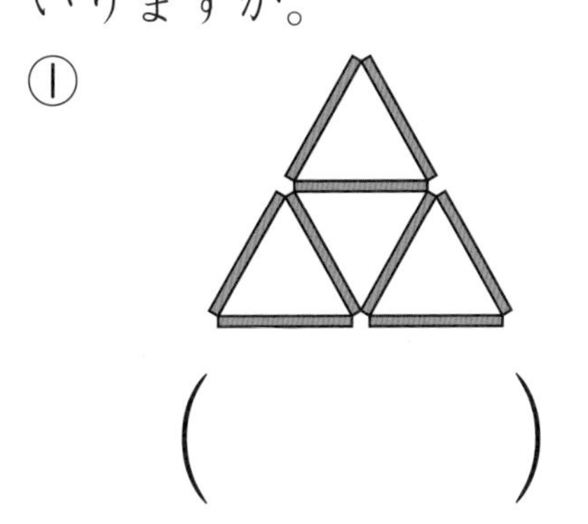

（　　　）

②

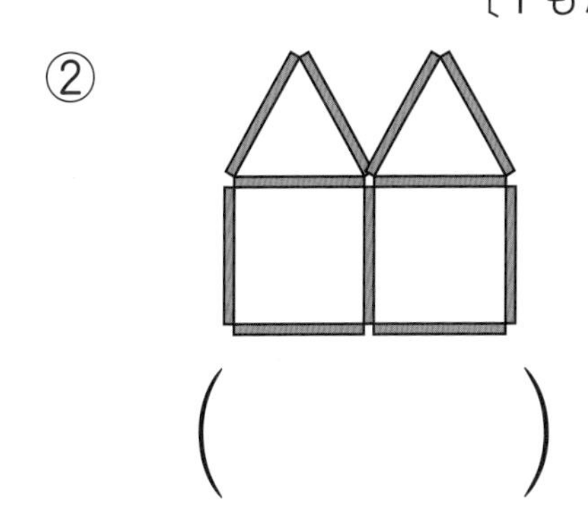

（　　　）

3 つぎの ①から ⑥の かたちは，したの ㋐，㋑，㋒，㋓の どの かたちと おなじ なかまですか。（ ）に ㋐，㋑，㋒，㋓ の どれかを かきましょう。 〔1もん 5てん〕

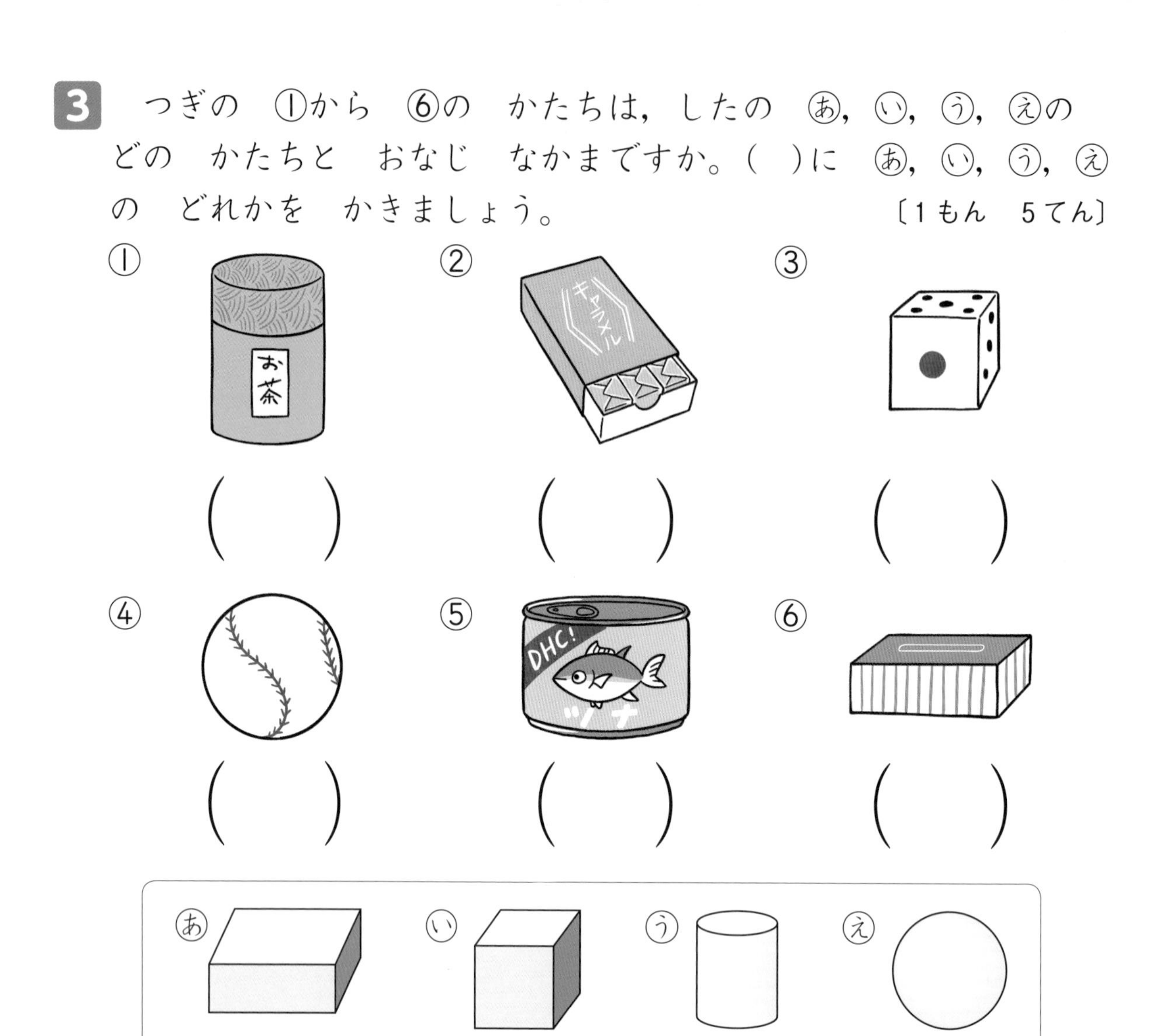

4 [三角形] を ならべて，㋐と ㋑の かたちを つくります。それぞれ なんまい いりますか。 〔1もん 10てん〕

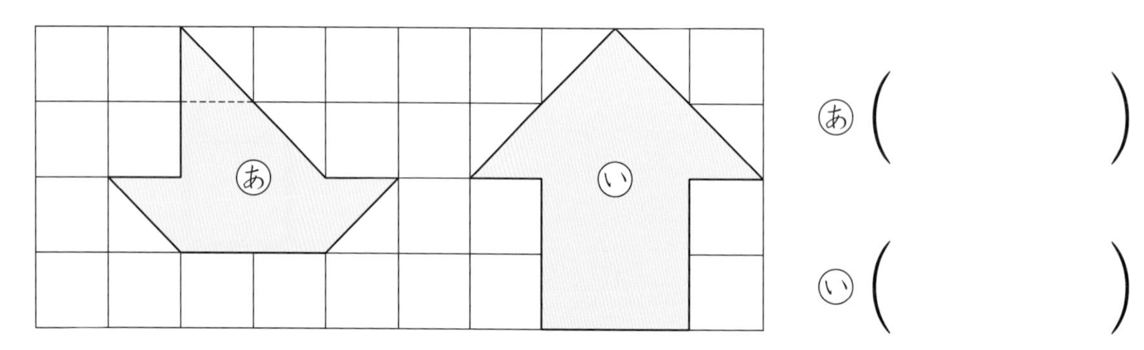

㋐（　　　　）

㋑（　　　　）

いろいろな　もんだい(1)

●ふくしゅうの めやす
き本テスト・かんれんドリルなどで しっかり ふくしゅうしよう！
0てん　80てん ごうかく　100てん

ごうけい とくてん　　/100てん

かんれんドリル　●文しょうだい　P.59〜68

1　こどもが　1れつに　ならんで　います。ももかさんの　まえに　6にん　います。ももかさんは　まえから　なんばんめですか。

〔10てん〕

しき

こたえ（　　　　）

2　こどもが　1れつに　ならんで　います。れんさんは　まえから　9ばんめです。れんさんの　まえには　なんにん　いますか。

〔15てん〕

しき

こたえ（　　　　）

3　きっぷを　かう　ひとが　1れつに　ならんで　います。みさきさんは　まえから　8ばんめです。みさきさんの　まえには　なんにん　いますか。

〔15てん〕

しき

こたえ（　　　　）

4 こどもが　1れつに　ならんで　います。ゆかさんは　まえから　6ばんめです。かいとさんは，ゆかさんの　つぎから　かぞえて　5ばんめです。かいとさんは　まえから　なんばんめですか。

〔15てん〕

しき

こたえ（　　　　）

5 こどもが　1れつに　ならんで　います。そうまさんは　うしろから　5ばんめです。さくらさんは，そうまさんの　まえの　ひとから　まえに　むかって　かぞえて　7ばんめです。さくらさんは　うしろから　なんばんめですか。〔15てん〕

しき

こたえ（　　　　）

6 かいだんが　15だん　あります。ひろきさんは　6だんめまで　のぼりました。かいだんは　あと　なんだん　ありますか。〔15てん〕

しき

こたえ（　　　　）

7 13にんが　1れつに　ならんで　います。ゆいさんは　みぎから　5ばんめです。ゆいさんの　ひだりには　なんにん　いますか。

〔15てん〕

しき

こたえ（　　　　）

1　かきを　8こ　かいました。なしは，かきより　4こ　おおく かいました。

なしを　なんこ　かいましたか。　〔10てん〕

しき

こたえ（　　　　）

2　しろい　きくの　はなが　6ぽん　さきました。きいろい きくの　はなは，しろい　きくの　はなより　7ほん　おおく さきました。

きいろい　きくの　はなは　なんぼん　さきましたか。　〔15てん〕

しき

こたえ（　　　　）

3　かるたとりを　しました。けんたさんは　11まい　とりました。ゆうかさんは，けんたさんに　3まい　まけたそうです。

ゆうかさんは　なんまい　とりましたか。　〔15てん〕

しき

こたえ（　　　　）

4 しゃしんを　とります。8つの　いすに　ひとりずつ　すわり，うしろに　5にん　たちます。なんにんで　しゃしんを　とりますか。〔15てん〕

しき

5 なしを　ひとりに　1こずつ　9にんに　くばると，3こ のこるそうです。なしは　ぜんぶで　なんこ　ありますか。〔15てん〕

しき

こたえ（　　　　）

6 りんごが　12こ　あります。7にんの　こどもに　1こずつ あげると，りんごは　なんこ　のこりますか。〔15てん〕

しき

こたえ（　　　　）

7 おかしが　8こ　あります。11にんに　1こずつ　くばるには，おかしは　なんこ　たりませんか。〔15てん〕

しき

45 しあげ テスト(1)

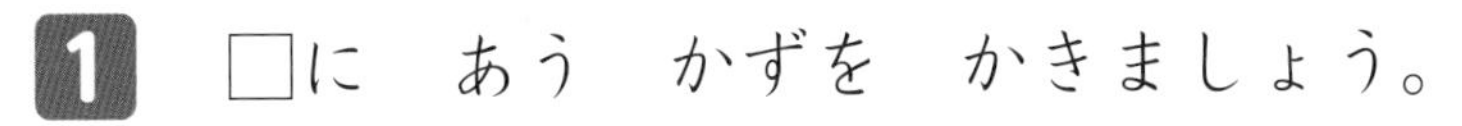

1 □に あう かずを かきましょう。〔1もん 2てん〕

① したの いろがみは ぜんぶで □ まいです。

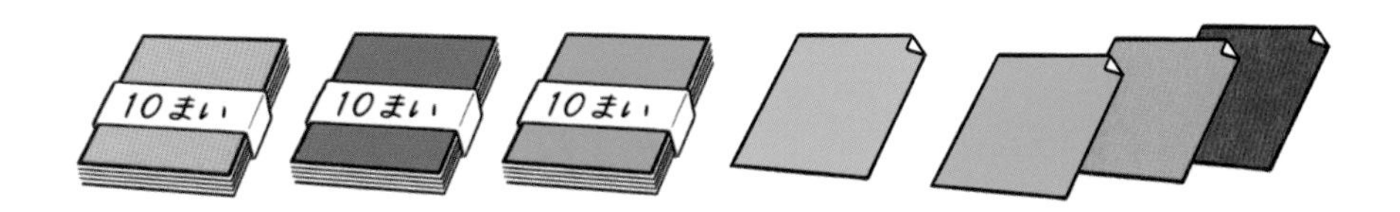

② 10が 7つと 1が 9つで □ です。

③ 10を □ あつめると 100です。

④ 十(じゅう)のくらいが 5，一(いち)のくらいが 8の かずは □ です。

⑤ 90より 1 ちいさい かずは □ です。

2 かずの おおきい ほうに ○を かきましょう。〔1もん 5てん〕

①

( ) ( )

②

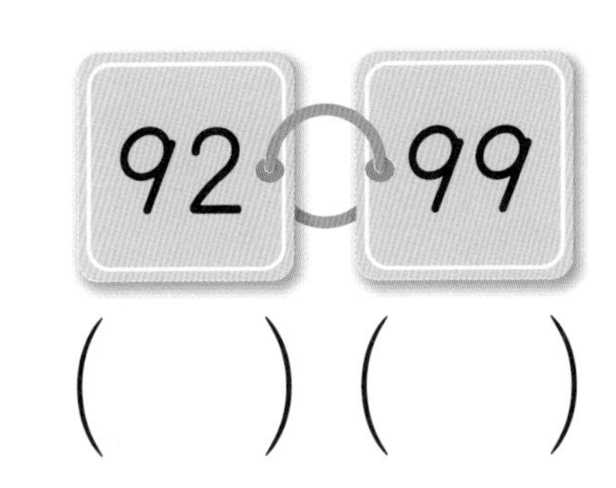

( ) ( )

3 けいさんを　しましょう。　〔1もん　5てん〕

① $3+4$　② $4+9$

③ $16+3$　④ $30+4$

⑤ $9-6$　⑥ $14-7$

⑦ $50-40$　⑧ $79-5$

⑨ $4+2+3$　⑩ $12-2-6$

⑪ $10-4+2$　⑫ $4+6-3$

4 こうえんで　こどもが　12にん　あそんで　います。そのうち，5にんが　かえりました。こどもは　なんにん　のこって　いますか。　〔10てん〕

しき

こたえ（　　　　）

5 えはがきが　6まい　ありました。あとから　4まい　もらいましたが，5まい　つかいました。えはがきは　なんまい　のこって　いますか。　〔10てん〕

しき

こたえ（　　　　）

46 目ひょうじかん 20ぷん　しあげ　テスト(2)

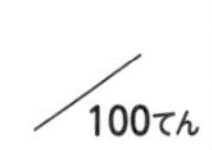

1 □に　あう　かずを　かきましょう。〔□1つ　5てん〕

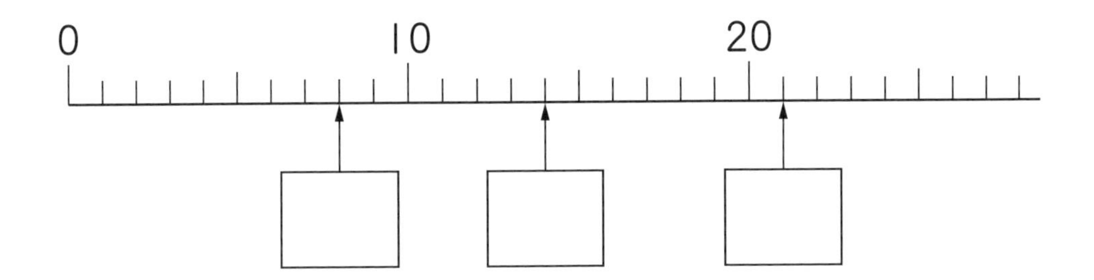

2 □に　あう　かずを　かきましょう。〔□1つ　5てん〕

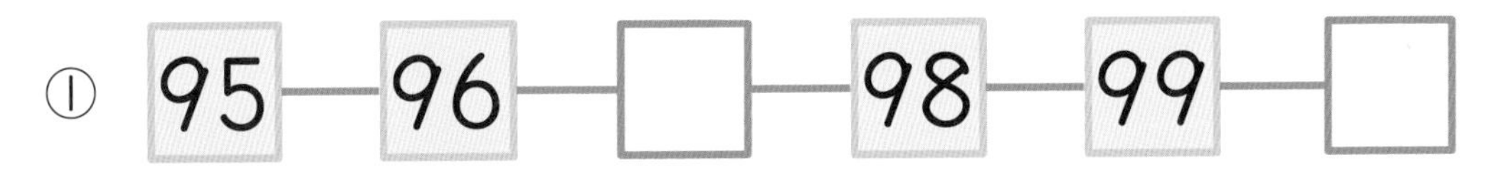

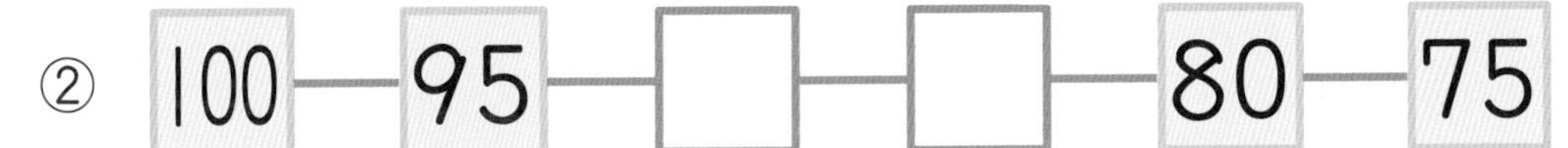

3 なんじなんぷんですか。〔1もん　10てん〕

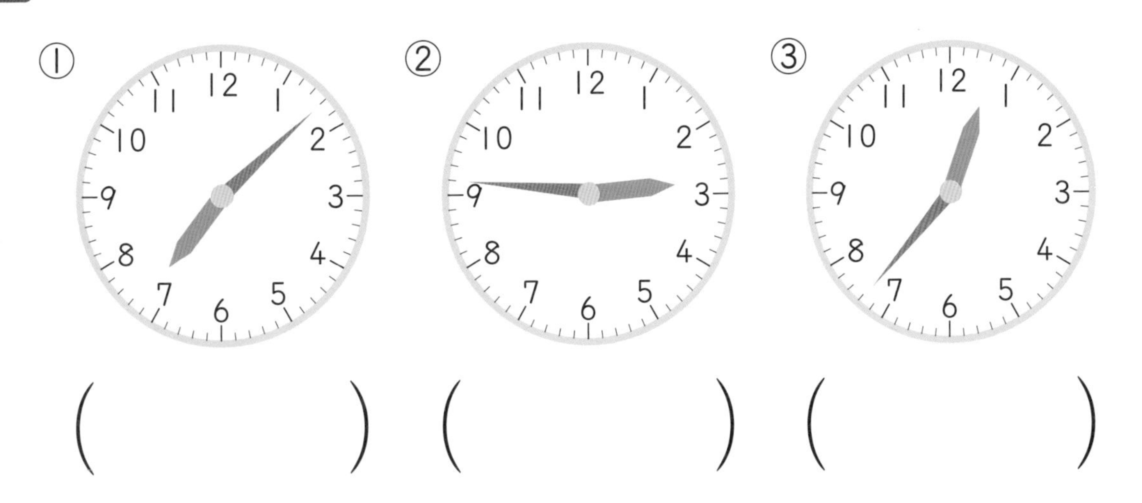

4 ㋐，㋑，㋒の　テープ（てえぷ）が　あります。したの　もんだいに　㋐，㋑，㋒で　こたえましょう。　〔1もん　5てん〕

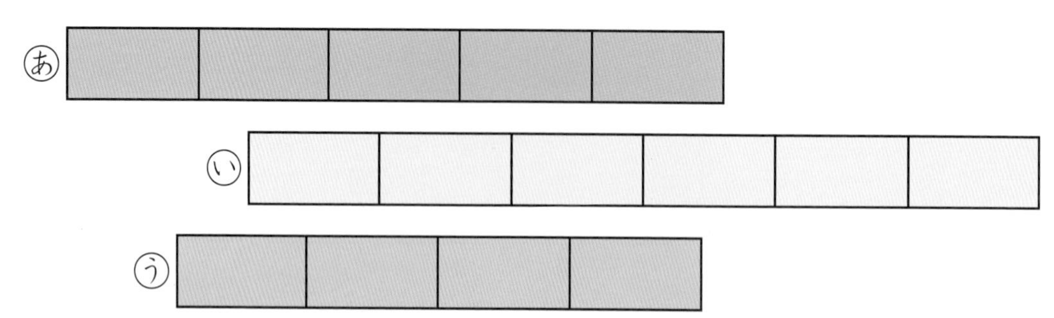

① いちばん　ながい　テープは　どれですか。　（　　）

② いちばん　みじかい　テープは　どれですか。　（　　）

5 つぎの　①と　②の　つみきで　うつしとれる　かたちは　どれですか。（　）に　㋐から　㋓の　どれかを　かきましょう。　〔1もん　5てん〕

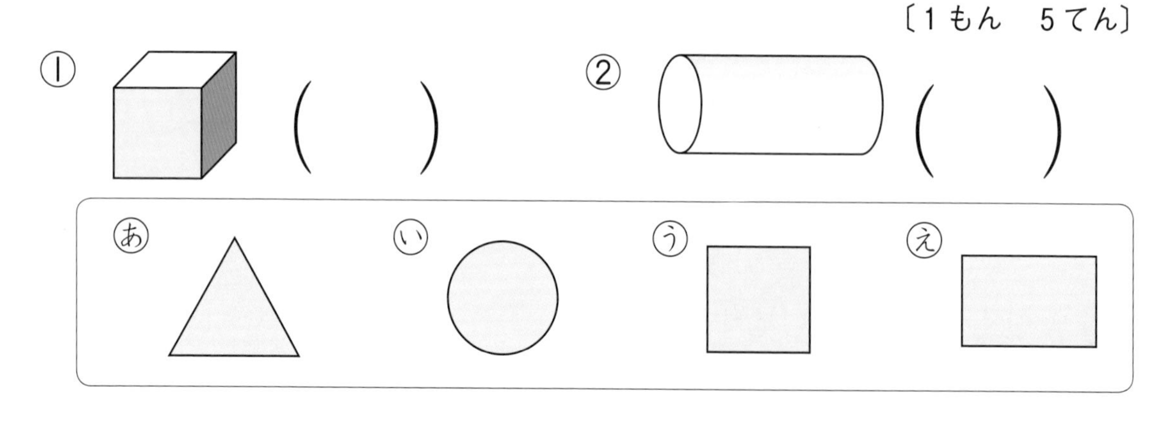

6 みかんが　15こ　あります。9にんの　こどもに　1こずつ　あげると，みかんは　なんこ　のこりますか。　〔15てん〕

しき

こたえ 1年生

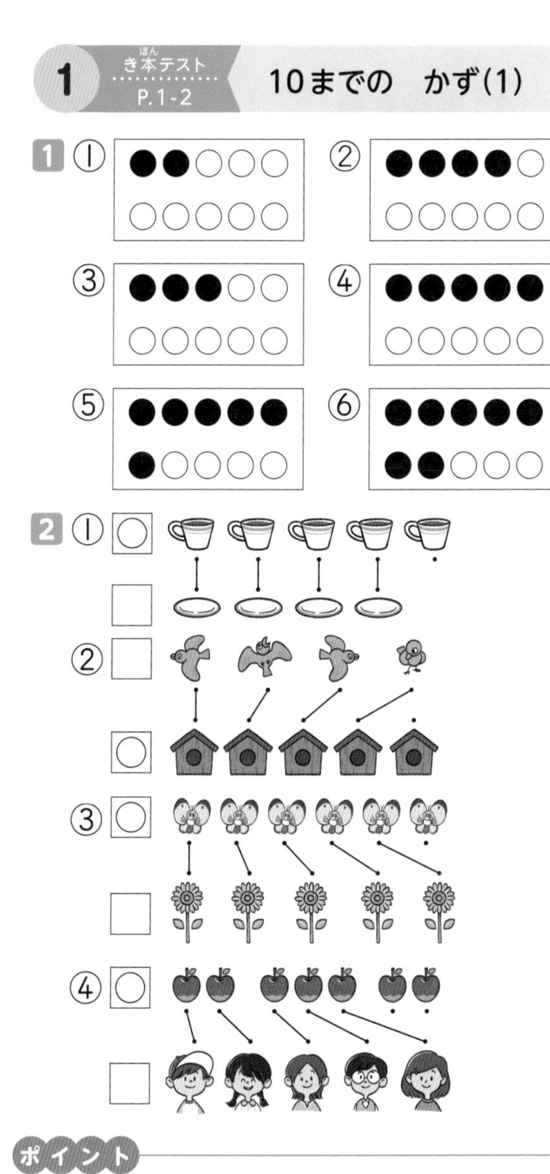

1 き本テスト P.1-2 10までの　かず(1)

1 ①〜⑥ (図)

2 ①〇 ②〇 ③〇 ④〇

2 かんせいテスト P.3-4 10までの　かず(1)

1 ①〜④ (図)

2 (〇を　つける　もの)

① ② ③ ④

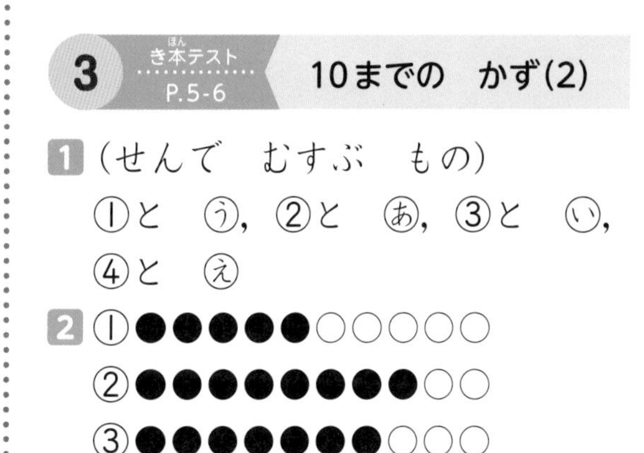

3 き本テスト P.5-6 10までの　かず(2)

1 (せんで　むすぶ　もの)

①と　㋒，②と　㋐，③と　㋑，

④と　㋓

2 ①〜③ (図)

3 (〇を　つける　もの)

①㋐　②㋑

ポイント

★ どちらが　おおいかを　くらべる　ときは，せんで　むすんで　みます。

せんで　むすんで　あまった　ほうが　おおいです。

ポイント

★《1から　10までの　かず》

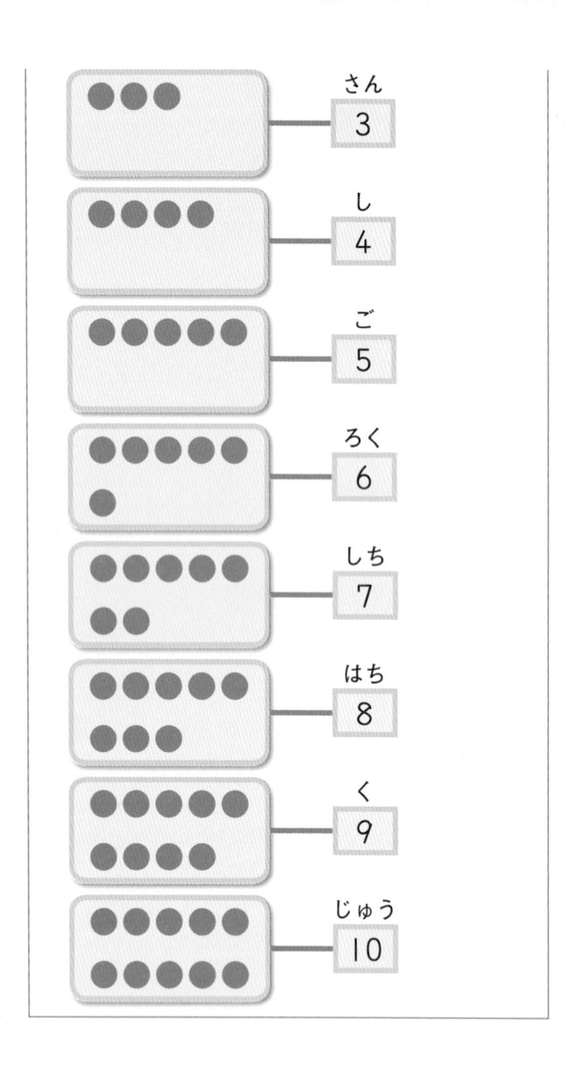

4 かんせいテスト P.7-8 10までの　かず(2)

1 ①4わ　②6つ　③5ほん
④3こ　⑤8ほん　⑥7ひき

2 (ひだりから)①2, 1, 0
②8, 9, 10

3 (◯を　つける　もの)
①6　②9　③10　④7

5 き本(ほん)テスト P.9-10 かずの　くみ

1 ①1と　4　②2と　3
③3と　2　④4と　1

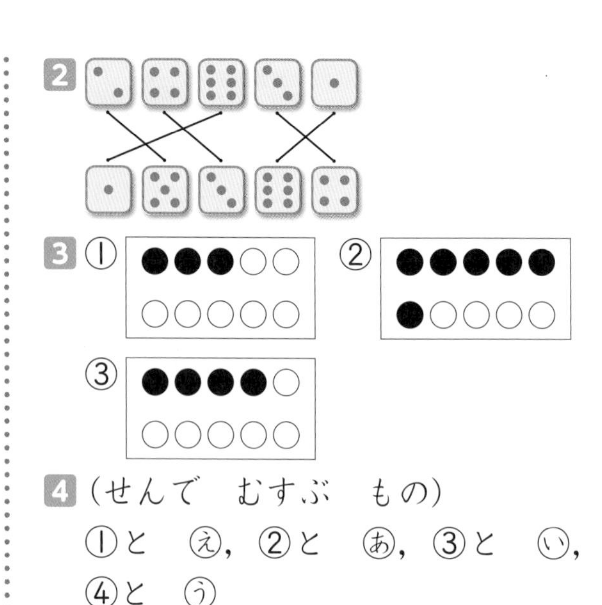

4 (せんで　むすぶ　もの)
①と　㋓, ②と　㋐, ③と　㋑,
④と　㋒

6 かんせいテスト P.11-12 かずの　くみ

1 ①5こ　②3こ

2 ①6こ　②8こ　③3こ

3 ①4　②3

4 ①3　②2　③7　④5　⑤6
⑥10　⑦8　⑧7

5 ①8　②5　③6　④4　⑤9

7 き本(ほん)テスト P.13-14 なんばんめ

1 ①4　②0　③9　④3

2 (まえ)

3 (まえ)

4 ①4　②5

5 ①3　②3

ポイント

★《まえからの　じゅんばん》
まえから　1，2，3，…
と　ばんごうを　かいて
いくと，よく　わかります。

★《まえから　いくつ，まえ
から　なんばんめ》

・まえから　3つ
（まえ）●●●○○○○○○○

・まえから　3ばんめ
（まえ）○○●○○○○○○○

8 かんせいテスト P.15-16 なんばんめ

1 ①（まえ）

②（まえ）

2 ①5　②5　③ゆうな　④みつき
⑤うしろ　⑥まえ

3 ①うさぎ　②りす　③3　④5
⑤した　⑥うえ

9 き本テスト P.17-18 20までの　かず

1 ①18こ　②15　③20こ

2 ①12　②15　③14　④3　⑤1
⑥6

3 ① 11 - 12 - 13 - 14 - 15
② 16 - 17 - 18 - 19 - 20

4 （○を　つける　もの）
①11　②18

5

ポイント

★《11から　20までの　かず》

・10と　1　で　11　じゅういち
・10と　2　で　12　じゅうに
・10と　3　で　13　じゅうさん
・10と　4　で　14　じゅうし
・10と　5　で　15　じゅうご
・10と　6　で　16　じゅうろく
・10と　7　で　17　じゅうしち
・10と　8　で　18　じゅうはち
・10と　9　で　19　じゅうく
・10と　10で　20　にじゅう

10 かんせいテスト① P.19-20 20までの　かず

1 ①14まい　②20ぽん　③16こ
④18こ

2 ①13　②10　③10　④15

3 ① 0 - 5 - 10 - 15 - 20
② 10 - 12 - 14 - 16 - 18 - 20

4 ①〔12，8，6〕
②〔20，19，17〕

5 ①3つ
②にんじん

11 かんせいテスト② P.21-22 20までの　かず

1 ①8　②14　③12　④はるま

2 ①17－16－15－14－13－12

②20－19－18－17－16－15

3 （ひだりから）4，8，12，18

4 ①9　②9　③14　④10　⑤20

⑥14　⑦20　⑧18

12 き本テスト P.23-24 おおきな　かず

1 ①25こ　②37こ　③50まい

④100ぽん

2 ①50　②46

3 ①5　②7

4 ①56－57－58－59－60

②96－97－98－99－100

③116－117－118－119－120

5 （○を　つける　もの）

①27　②50

ポイント

1 10が　10　あつまった　かずは　100です。

2 おおきな　かずを　かぞえる　ときは，10が　いくつ，1が　いくつかを　かんがえます。

3 10の　まとまりの　かずが　十（じゅう）のくらいの　すうじ，1の　まとまりの　かずが　一（いち）のくらいの　すうじに　なります。

7	5
十のくらい	一のくらい

十のくらいの　すうじは　7，一のくらいの　すうじは　5

5 おおきな　かずを　くらべる　ときには，まず　十のくらいの　すうじを　くらべ，おなじ　ときは　一のくらいの　すうじを　くらべます。

13 かんせいテスト① P.25-26 おおきな　かず

1 ①42こ　②56まい

2 ①8

②（ひだりから）9，6

③100

3 ①63　②84

4 ①97　②66

14 かんせいテスト② P.27-28 おおきな　かず

1 ①5　②8　③65　④55

⑤100　⑥120　⑦98　⑧120

2 ①75－80－85－90－95－100

②70－80－90－100－110－120

③90－92－94－96－98－100

④25－35－45－55－65－75

3 （ひだりから）①16，24

②86，98　③103，118

15 き本(ほん)テスト P.29-30 たしざん(1)

1 ①7 ②8

2 ①4 ②6

3 ①2 ②4＋2＝6 ③6

4 ①4 ②5＋4＝9 ③9

ポイント

1 《たしざん》

〈れい〉 4+3 は，4と 3を あわせたら いくつに なるかを かんがえます。

4と 3を あわせると 7に なるから，

4+3=7

と かきます。

2 《0の たしざん》

・ある かずに 0を たすと，こたえは もとの かずに なります。

〈れい〉 3+0=3

・0に ある かずを たすと，こたえは たした かずに なります。

〈れい〉 0+3=3

16 かんせいテスト P.31-32 たしざん(1)

1 ①9 ②10 ③9 ④7 ⑤6 ⑥8 ⑦0 ⑧9 ⑨10 ⑩8

2 しき 6＋4＝10

こたえ 10こ

3 しき 5＋3＝8

こたえ 8わ

4 しき 4＋5＝9

こたえ 9にん

5 しき 3＋0＝3

こたえ 3つ

6 しき 6＋2＝8

こたえ 8まい

17 き本(ほん)テスト P.33-34 たしざん(2)

1 ①13 ②14

2 しき 10＋5＝15

こたえ 15こ

3 ①15 ②17

4 しき 11＋4＝15

こたえ 15わ

ポイント

★ 10より おおきい かずの たしざんは，11～19の かずを 「10と いくつ」と かんがえて けいさんします。

18 かんせいテスト P.35-36 たしざん(2)

1 ①18 ②17 ③19 ④16 ⑤16 ⑥18 ⑦19 ⑧19 ⑨15 ⑩17 ⑪19 ⑫17

2 しき 10＋4＝14

こたえ 14こ

3 しき 12＋6＝18

こたえ 18ほん

4 しき 10＋9＝19

こたえ 19にん

5 しき　13＋6＝19
こたえ　19こ

19 き本テスト P.37-38 たしざん(3)

1 ①12　②13
2 しき　9＋3＝12
こたえ　12こ
3 しき　5＋6＝11
こたえ　11だい
4 ①13　②6　③6

20 かんせいテスト P.39-40 たしざん(3)

1 ①11　②14　③14　④17　⑤12
⑥11　⑦13　⑧15　⑨13　⑩11
⑪11　⑫12　⑬13　⑭11　⑮12
⑯11
2 (せんで　むすぶ　もの)
㋐と　㋖，㋑と　㋕，㋒と　㋘，
㋓と　㋗
3 しき　5＋7＝12
こたえ　12わ
4 しき　9＋4＝13
こたえ　13ぼん

21 き本テスト P.41-42 ひきざん(1)

1 ①3　②4
2 ①4　②0
3 ①2　②6－2＝4　③4
4 ①5　②8－5＝3　③3

ポイント

1 《ひきざん》
〈れい〉 5－2は，5から　2を　とると，いくつに　なるかを　かんがえます。
5から　2を　とると　3に　なるから，
5－2＝3
と　かきます。
2 《0の　ひきざん》
・おなじ　かずを　ひくと，こたえは　0に　なります。
・ある　かずから　0を　ひくと，こたえは　もとの　かずに　なります。
〈れい〉 **3－0＝3**

22 かんせいテスト P.43-44 ひきざん(1)

1 ①3　②2　③5　④3　⑤6
⑥9　⑦4　⑧4　⑨0　⑩6
2 しき　8－5＝3
こたえ　3まい
3 しき　6－2＝4
こたえ　4わ
4 しき　7－4＝3
こたえ　3にん
5 しき　3－0＝3
こたえ　3つ
6 しき　10－6＝4
こたえ　すずめの　ほうが　4わ　おおい。

23 き本テスト P.45-46 ひきざん(2)

1 ①10 ②10

2 しき 14－4＝10

こたえ 10まい

3 ①12 ②14

4 しき 13－2＝11

こたえ 11

ポイント

★ 10より おおきい かずの ひきざんは，11～19を「10と いくつ」と かんがえて けいさんします。

24 かんせいテスト P.47-48 ひきざん(2)

1 ①10 ②10 ③10 ④10 ⑤11 ⑥11 ⑦12 ⑧13 ⑨13 ⑩12 ⑪13 ⑫12

2 しき 14－4＝10

こたえ 10にん

3 しき 16－6＝10

こたえ 10こ

4 しき 14－3＝11

こたえ 11こ

5 しき 18－6＝12

こたえ 12にん

25 き本テスト P.49-50 ひきざん(3)

1 ①9 ②6

2 しき 14－6＝8

こたえ 8わ

3 しき 12－8＝4

こたえ 4こ

4 ①6 ②9 ③9

26 かんせいテスト P.51-52 ひきざん(3)

1 ①9 ②8 ③7 ④6 ⑤9 ⑥8 ⑦8 ⑧7 ⑨6 ⑩9 ⑪9 ⑫8 ⑬9 ⑭8 ⑮7 ⑯5

2 (せんで むすぶ もの)

㋐と ㋖，㋑と ㋘，㋒と ㋕，㋓と ㋗

3 しき 14－6＝8

こたえ 8こ

4 しき 16－7＝9

こたえ 9こ

27 き本テスト① P.53-54 たしざんと ひきざん

1 ①6 ②(じゅんに)6，7 ③7

2 ①5 ②(じゅんに)5，3 ③3

3 ①4 ②(じゅんに)4，7 ③7

4 ①8 ②(じゅんに)8，6 ③6

ポイント

★ 3つの かずの けいさんは，ひだりから じゅんに けいさんします。

28 き本テスト② P.55-56 たしざんと ひきざん

1 ①3，2 ②4＋3＋2＝9
③9

2 ①3，1 ②7－3－1＝3
③3

3 ①3，4 ②5－3＋4＝6
③6

4 ①3，4 ②6＋3－4＝5
③5

29 かんせいテスト P.57-58 たしざんと ひきざん

1 ①8 ②10 ③14 ④16 ⑤2
⑥4 ⑦3 ⑧6 ⑨4 ⑩14
⑪12 ⑫13 ⑬8 ⑭15

2 しき 7＋3＋4＝14
こたえ 14にん

3 しき 6＋4－3＝7
こたえ 7わ

4 しき 10－4＋6＝12
こたえ 12こ

30 き本テスト① P.59-60 おおきな かずの たしざんと ひきざん

1 ①3，2，5 ②50 ③50

2 しき 20＋40＝60
こたえ 60まい

3 ①5，2，3 ②30 ③30

4 しき 60－40＝20
こたえ 20こ

ポイント

★「なん十の たしざん」「なん十の ひきざん」は，10がいくつぶんに なるかを かんがえます。

31 き本テスト② P.61-62 おおきな かずの たしざんと ひきざん

1 しき 40＋3＝43
こたえ 43こ

2 しき 23＋4＝27
こたえ 27こ

3 しき 25－5＝20
こたえ 20ぽん

4 しき 35－3＝32
こたえ 32まい

32 かんせいテスト P.63-64 おおきな かずの たしざんと ひきざん

1 ①90 ②60 ③100 ④50
⑤60 ⑥70

2 ①68 ②58 ③89 ④50
⑤91 ⑥44

3 しき 30＋50＝80
こたえ 80こ

4 しき 22＋6＝28
こたえ 28にん

5 しき 50－10＝40
こたえ 40だい

6 しき 26－4＝22
こたえ 22

33 き本(ほん)テスト P.65-66 ながさ

1 (◯を　つける　もの)
①あ　②い

2 (◯を　つける　もの)
①あ　②い

3 ①たて　②よこ

4 いに　◯

ポイント

★《2ほんの　えんぴつや　ひもの　ながさの　くらべかた》
(1) りょうほうの　はしを　そろえて　くらべる。
(2) それぞれの　ながさが，おなじ　めもり　いくつぶんかで　くらべる。

34 かんせいテスト P.67-68 ながさ

1 ①い　②う　③え

2 たて

3 よこ

4 ①い　②う　③8つぶん

5 (い)の　ほうが　めもり
(1つぶん)　ながい。

35 き本(ほん)テスト P.69-70 かさ(たいせき)

1 (◯を　つける　もの)
①い　②あ

2 (◯を　つける　もの)
①い　②あ

3 ①5はいぶん　②6ぱいぶん
③い

4 あに　◯

ポイント

1《2つの　いれものに　はいった　みずの　かさの　くらべかた》
・おなじ　いれものの　とき
みずの　たかさが　たかい　ほうが　おおい。
・みずの　たかさが　おなじ　とき
いれものの　そこが　おおきい　ほうが　おおい。

3《2つの　いれものの　かさの　くらべかた》
・おなじ　コップ(こっぷ)で　みずが　なんばい　はいるかで　くらべる。

36 かんせいテスト P.71-72 かさ(たいせき)

1 ①あ3，い1，う2
②あ2，い3，う1
③あ1，い3，う2
④あ1，い2，う3

2 ①(ポット)の　ほうが　コップで
(2)はいぶん　おおい。
②(やかん)の　ほうが　コップで
(5)はいぶん　おおい。

3 なべ

37 き本(ほん)テスト P.73-74 ひろさ(めんせき)

1 ㋑に　○

2 ①㋑　②㋑

3 ①13こぶん　②12こぶん　③あお

4 ①あか　②あお

ポイント

★《2まいの　かみの　ひろさの　くらべかた》
(1)　へりを　そろえて　くらべる。
(2)　おなじ　ます　いくつぶんかで　くらべる。

38 かんせいテスト P.75-76 ひろさ(めんせき)

1 ①㋐　②㋑　③㋐

2 ①○　②○　③×　④○　⑤×

3 4つぶん

39 き本(ほん)テスト P.77-78 とけい

1 ①8じ　②5じ　③6じ　④9じ
⑤12じ　⑥9じ30ぷん(9じはん)
⑦1じ30ぷん（1じはん）
⑧4じ30ぷん（4じはん）
⑨12じ30ぷん（12じはん）

2 ①6じ5ふん　②8じ5ふん
③3じ5ふん　④7じ10ぷん
⑤9じ20ぷん　⑥12じ40ぷん
⑦11じ35ふん　⑧4じ45ふん
⑨10じ20ぷん　⑩2じ25ふん
⑪12じ15ふん

ポイント

★《とけいの　よみかた》
(1)　とけいの　みじかい　はりで　「○じ」を　よみます。
(2)　とけいの　ながい　はりで　「○ふん」を　よみます。とくに，とけいの　ながい　はりが　6の　めもりの　ところに　きて　いる　ときは「○じはん」とも　いいます。

40 かんせいテスト P.79-80 とけい

1 ①7じ9ふん　②4じ7ふん
③10じ　④8じ12ふん
⑤10じ30ぷん（10じはん）
⑥9じ27ふん　⑦12じ48ふん
⑧1じ　⑨6じ54ぷん
⑩1じ30ぷん（1じはん）
⑪2じ32ふん　⑫10じ17ふん

2 ①

②

③

④

⑤

3 ㋐3　㋑1　㋒2

41 き本(ほん)テスト P.81-82 いろいろな　かたち

1 (せんで　むすぶ　もの)
(あ)と　(く), (い)と　(か), (う)と　(け),
(え)と　(き)

2 (せんで　むすぶ　もの)
(あ)と　(き), (い)と　(か), (う)と　(け),
(え)と　(く)

3 ①3まい　②8まい　③6まい
④9まい

4 ①　②　③　④

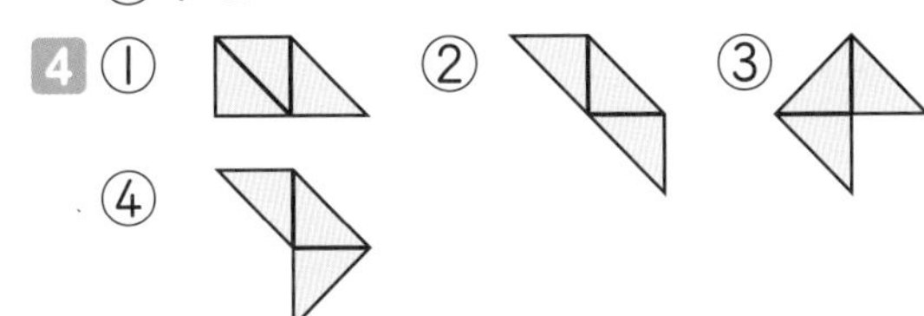

ポイント

1 かたちには,

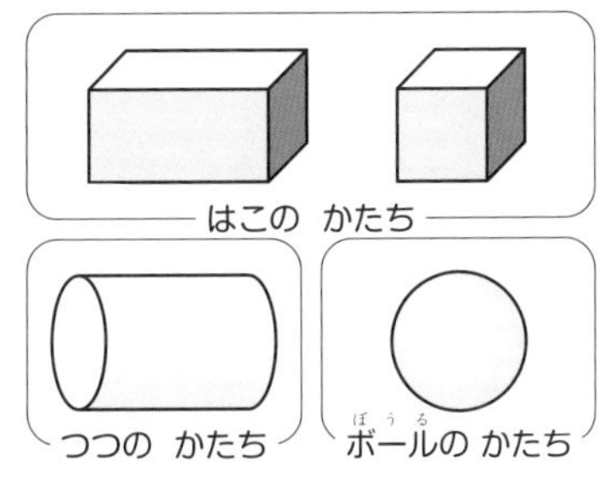

などが　あります。

2 かみに　うつしとって　できる　かたちには,

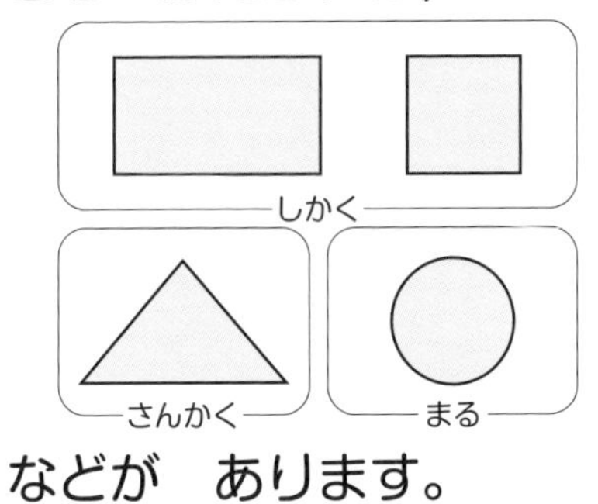

などが　あります。

42 かんせいテスト P.83-84 いろいろな　かたち

1 ①(あ)　②(い)　③(う)　④(い)　⑤(う)
⑥(あ)

2 ①9ほん　②11ぽん

3 ①(う)　②(あ)　③(い)　④(え)　⑤(う)
⑥(あ)

4 (あ)10まい　(い)16まい

43 かんせいテスト P.85-86 いろいろな もんだい(1)

1 しき　6＋1＝7
こたえ　7ばんめ

2 しき　9－1＝8
こたえ　8にん

3 しき　8－1＝7
こたえ　7にん

4 しき　6＋5＝11
こたえ　11ばんめ

5 しき　5＋7＝12
こたえ　12ばんめ

6 しき　15－6＝9
こたえ　9だん

7 しき　13－5＝8
こたえ　8にん

44 かんせいテスト P.87-88 いろいろな もんだい(2)

1 しき　8＋4＝12
こたえ　12こ

2 しき　6＋7＝13
こたえ　13ぼん

3 しき　11－3＝8
こたえ　8まい

4 しき　8＋5＝13
こたえ　13にん

5 しき　9＋3＝12
こたえ　12こ

6 しき　12－7＝5
こたえ　5こ

7 しき　11－8＝3
こたえ　3こ

45 P.89-90 しあげ　テスト(1)

1 ①34 ②79 ③10 ④58 ⑤89

2 (○を　つける　もの)
①87　②99

3 ①7　②13　③19　④34　⑤3
⑥7　⑦10　⑧74　⑨9　⑩4
⑪8　⑫7

4 しき　12－5＝7
こたえ　7にん

5 しき　6＋4－5＝5
こたえ　5まい

46 P.91-92 しあげ　テスト(2)

1 (ひだりから)8, 14, 21

2 ① 95－96－97－98－99－100
② 100－95－90－85－80－75

3 ①7じ8ふん　②2じ46ぷん
③12じ37ふん

4 ①㋑　②㋒

5 ①㋒　②㋑

6 しき　15－9＝6
こたえ　6こ